U0233771

国家社科基金一般项目成果（16BJY025）

青海党校学者文库
中共青海省委党校、青海省行政学院、青海省社会主义学院
学术著作出版资助项目

三江源国家公园体制试点与自然保护地体系改革研究

Research on the Three-River-Source National Park Pilot and the Protected Area System Reform

马洪波　著

人民出版社

《青海党校学者文库》总序

习近平总书记强调，党校特别是中央党校要坚持以马克思主义为指导，在研究上多下功夫，多搞“集成”和“总装”，多搞“自主创新”和“综合创新”，为建设具有中国特色、中国风格、中国气派的哲学社会科学体系作出贡献。党校要发挥自己马克思主义基本理论学科优势，认真研究、宣传、阐述党的思想理论，加强党的基本理论研究，更加及时地发出中国声音、更加鲜明地展现中国思想、更加响亮地提出中国主张。①

六十余载沧桑巨变，一甲子春华秋实。半个多世纪以来，青海党校系统在聚焦主业主课、教育培训党员领导干部的同时，孜孜于学术研究、致力于理论创新，求真务实地记录历史、积累智慧、积淀文化。一批苦心向学之士坚守三尺书桌，以“甘愿坐穿冷板凳”的心境和“孤舟蓑笠翁”的姿态，深入青藏高原的沟沟壑壑，驰骋在广袤无际的知识海洋，为地方经济社会发展和相关学科领域研究默默地释放能量。特别是2015年全国党校工作会议以来，青海党校系统充分结合省情实际和自身特点，加强对国家和地区中长期发展问题的战略性研究，加强对重大现实问题和突出矛盾的对策性研究，加强党情政情社情信

① 习近平:《在全国党校工作会议上的讲话》，人民出版社2016年版，第21页。

息反映和研究，在党的思想理论、生态文明建设、循环经济、民族宗教研究等方面取得了新成绩。为反映青海党校学者、学术、学科的特点和风采，营建厚德载物、薪火相承、不断精进、激励后学的学术家园，使研究成果更加系统化、科学化、体系化，我们从青海党校学者优秀学术论文、博士毕业论文和国家社科基金项目结项成果中撷取精华，集为《青海党校学者文库》，涵盖哲学、经济学、政治学、管理学、民族学等学科，着重凸显学术性，兼顾思想性与可读性，旨在为艰苦跋涉在学术研究和理论创新途中的青海党校学者提供一个展现价值和发出声音的平台，扩大青海党校系统在哲学社会科学研究领域的整体影响力。

“视而使之明，听而使之聪，思而使之正”。党校因党而立，党校学者只有坚持深化党的思想理论研究，才能不断巩固党对意识形态工作的领导、巩固马克思主义在意识形态领域的指导地位；只有营造格物致知的学术氛围和淡泊名利的学术取向，才能造就恢宏的思想气度和博大的学术气象；只有聚焦党和国家中心工作、党委政府重大决策部署和社会热点难点问题，才能有的放矢地产出有价值的学术成果。经过多年培养和积累，青海党校系统已经拥有了一支素质优良、专业过硬、作风扎实的师资队伍。着眼未来，为更好建设“一流红色学府、新型高端智库”，青海党校系统将一以贯之地继承优良传统，着力培养政治强、业务精、作风好的优秀教师，造就一批马克思主义理论大家，一批忠诚于马克思主义、在相关学科领域有影响的知名专家，以期成为青海培养和造就高素质党员领导干部的摇篮，成为青海哲学社会科学领域学术研究的前沿，成为推动学术成果向现实生产力转化的重要力量，成为青海精神、青海文化与外界传播沟通的桥梁纽带。

《青海党校学者文库》应运而生，大有可为。希望青海党校学者始终牢记习近平总书记的嘱托，秉承“实事求是”的校训，不忘初心，砥砺前行，传承党校人优秀的学术基因，努力创作出更多高质量、有影响力的优秀理论成果，为党校事业、党的事业发展作出更大贡献。

谨此为序。

中共青海省委常委
中共青海省委组织部部长
中共青海省委党校校长

目　录

绪　论 ………………………………………………………… 001

第一章　国家公园概念的由来及演变 ………………………… 018

　第一节　国家公园是反思人与自然关系的产物 ……………… 018

　第二节　国家公园是自然保护地体系的重要类型 …………… 023

　第三节　国家公园概念的形成与演变 ………………………… 029

第二章　国外国家公园建设与管理的经验借鉴 ……………… 035

　第一节　国外国家公园建设与管理模式 ……………………… 035

　第二节　美国国家公园建设与管理概述 ……………………… 039

　第三节　英国国家公园建设与管理概述 ……………………… 045

　第四节　美国、英国国家公园体制比较及启示 ……………… 051

第三章　国家公园体制在我国的实践探索 …………………… 054

　第一节　我国自然保护地管理体制及存在的问题 …………… 054

　第二节　我国国家公园体制的探索历程 ……………………… 063

　第三节　对祁连山国家公园体制试点青海省片区的调研 …… 068

第四节　对其他地区国家公园体制试点区的调研 …………… 078

第四章　青海省自然保护地体系及其面临的体制困境 ……… 089

第一节　青海省自然保护地体系概况 ……………………… 089

第二节　青海省主要自然保护地类型简介 ………………… 097

第三节　青海省自然保护地体系面临的体制困境 ………… 104

第四节　以青海湖保护与利用面临的困境为例 …………… 109

第五章　三江源生态保护与国家公园体制试点建设 ……… 119

第一节　三江源生态保护不断升级 ………………………… 119

第二节　三江源国家公园体制试点建设的成效总结 ……… 128

第三节　三江源国家公园体制试点建设的难点分析 ……… 142

第六章　以习近平生态文明思想引领三江源国家公园体制建设 ………………………………………………… 159

第一节　生态文明是一种全新的文明形态 ………………… 159

第二节　国家公园体制建设要以习近平生态文明思想为指导 ……………………………………………… 177

第三节　不断完善三江源国家公园生态保护的体制机制 … 184

第七章　以三江源国家公园体制建设推进自然保护地体系改革 ………………………………………………… 189

第一节　三江源区域自然保护地体系改革设想 …………… 189

第二节　青海省以国家公园为主体的自然保护地体系建设思考 ……………………………………………… 194

第三节　进一步推进青海省国家公园体制建设的建议 ………… 204

参考文献 ………………………………………………………… 208

后　记 …………………………………………………………… 213

绪　论

自党的十八届三中全会提出“建立国家公园体制”重大改革思路以来，到2017年9月中共中央办公厅、国务院办公厅联合印发《建立国家公园体制总体方案》，再到2019年6月中共中央办公厅、国务院办公厅联合出台《关于建立以国家公园为主体的自然保护地体系的指导意见》，以国家公园体制试点建设推动自然保护地体系改革的局面正在形成。作为中国第一个国家公园体制试点，三江源国家公园体制试点在五年的实践中积累了可复制、可借鉴和可推广的经验，并对三江源区域内的自然保护地体系整合优化进行了有益探索。本书以三江源国家公园体制试点的成效和不足为研究对象，在借鉴国内外国家公园建设经验的基础上，提出了以三江源国家公园体制试点为突破口优化青海省自然保护地体系的初步思考，以期为推动生态环境领域治理体系和治理能力现代化作出智力贡献。

一、 国家公园体制试点是生态文明体制改革的突破口

自2012年11月党的十八大以来，以习近平同志为核心的党中央着眼于人类发展全局和中华民族永续发展大局，将生态文明建设放在全局工作的突出地位，融入经济、政治、文化、社会四大建设的各方面和全过程，生态文明建

设日益成为“五位一体”总体布局和“四个全面”战略布局的重要组成部分，并提出通过持续深化生态文明体制改革，致力于开创新时代人与自然和谐发展新局面。在这一重大背景下，国家公园体制试点应运而生，成为推动生态文明体制改革的重要突破口。

（一）国家公园体制改革破茧而出

2013年11月，党的十八届三中全会确立了实现国家治理体系和治理能力现代化的改革总目标，并第一次明确提出以国家公园体制试点为抓手推动生态文明体制改革的设想，即“坚定不移实施主体功能区制度，建立国土空间开发保护制度，严格按照主体功能区定位推动发展，建立国家公园体制”①的改革思路。根据党中央的总体要求，2015年1月，国家发展改革委会同中央编办等13个部门联合印发了《建立国家公园体制试点方案》，明确提出了试点目标，即“试点区域国家级自然保护区、国家级风景名胜区、世界文化和自然遗产、国家森林公园、国家地质公园等禁止开发区域，交叉重叠、多头管理的碎片化问题得到基本解决，形成统一、规范、高效的管理体制和资金保障机制，自然资源资产产权归属更加明确，统筹保护和利用取得重要成效，形成可复制、可推广的保护管理体制”。该方案还提出了“突出生态保护、统一规范管理、明晰资源归属、创新经营管理和促进社区发展”五项国家公园体制试点任务，并确定在北京市、吉林省、黑龙江省、浙江省、福建省、湖北省、湖南省、云南省、青海省等9省（直辖市）建立国家公园体制试点（在实际操作中，试点省份还增加了四川、陕西、甘肃3省，共12个省市），每个试点省市选取1个区域开展试点，试点时间为3年，2017年年底结束。

2015年5月，在《中共中央　国务院关于加快推进生态文明建设的意见》中，创新性地提出“加快建立系统完整的生态文明制度体系，引导、规范和约

① 中共中央文献研究室编：《十八大以来主要文献选编》上，中央文献出版社2014年版，第541页。

束各类开发、利用、保护自然资源的行为，用制度保护生态环境”①，明确了健全法律法规、完善标准体系、健全自然资源产权和用途管制制度、完善生态环境监管制度、严守资源生态红线、完善经济政策、推行市场化机制、健全生态保护补偿机制、健全政绩考核制度和完善责任追究制度等根本性制度建设方向，把生态文明建设纳入法治化、制度化轨道，并在保护和修复自然生态系统方面，再次提出要“建立国家公园体制，实行分级、统一管理，保护自然生态和自然文化遗产原真性、完整性”②。

2015 年 9 月，中共中央、国务院印发《生态文明体制改革总体方案》，从健全自然资源资产产权制度、建立国土空间开发保护制度、建立空间规划体系、完善资源总量管理和全面节约制度、健全资源有偿使用和生态补偿制度、建立健全环境治理体系、健全环境治理和生态保护市场体系、完善生态文明绩效评价考核和责任追究制度等八个方面构筑了生态文明制度建设的“四梁八柱”，描绘了产权清晰、多元参与、激励约束并重、系统完整的生态文明制度体系的建设蓝图。总体方案在“建立国土空间开发保护制度”部分特别提出要建立国家公园体制，“加强对重要生态系统的保护和永续利用，改革各部门分头设置自然保护区、风景名胜区、文化自然遗产、地质公园、森林公园等的体制，对上述保护地进行功能重组，合理界定国家公园范围。国家公园实行更严格保护，除不损害生态系统的原住民生活生产设施改造和自然观光科研教育旅游外，禁止其他开发建设，保护自然生态和自然文化遗产原真性、完整性。加强对国家公园试点的指导，在试点基础上研究制定建立国家公园体制总体方案”③。

---

① 中共中央文献研究室编：《十八大以来重要文献选编》中，中央文献出版社 2016 年版，第 495 页。

② 中共中央文献研究院编：《十八大以来主要文献选编》中，中央文献出版社 2016 年版，第 494 页。

③ 中共中央、国务院印发《生态文明体制改革总体方案》，《人民日报》2015 年 9 月 22 日。

（二）国家公园体制总体方案出台问世

根据党中央、国务院关于生态文明体制改革的总体要求，2017年9月，中共中央办公厅、国务院办公厅联合印发《建立国家公园体制总体方案》，重申“建立国家公园体制是党的十八届三中全会提出的重点改革任务，是我国生态文明建设的重要内容”①，要“构建统一规范高效的中国特色的国家公园体制，建立分类科学、保护有力的自然保护地体系”，并提出到2020年，建立国家公园体制试点基本完成，分级统一的管理体制基本建立，国家公园总体布局初步形成；到2030年，国家公园体制更加健全，分级管理体制更加完善，保护管理效能明显提高。② 2017年10月，党的十九大从加快生态文明体制改革、建设美丽中国的高度，再次提出“构建国土空间开发保护制度，完善主体功能区配套政策，建立以国家公园为主体的自然保护地体系”③要求，以化解人民群众日益增长的优美生态环境需要与优质生态产品供给不平衡不充分之间的突出矛盾。

根据党的十九大精神，在2018年国务院机构改革方案中，将国家林业局的职责，农业部的草原监督管理职责，以及国土资源部、住房和城乡建设部、水利部、农业部、国家海洋局等部门的自然保护区、风景名胜区、自然遗产、地质公园等管理职责进行整合，组建国家林业和草原局，并加挂国家公园管理局牌子，由自然资源部管理；④森林防火职责划分给应急管理部，国家林业局的森林、湿地等资源的调查和确权登记管理职责上交自然资源部。国家林业和草

---

① 中共中央办公厅、国务院办公厅印发《建立国家公园体制总体方案》，《人民日报》2017年9月27日。

② 中共中央办公厅、国务院办公厅印发《建立国家公园体制总体方案》，《人民日报》2017年9月27日。

③ 习近平：《决胜全面建成小康社会　夺取新时代中国特色社会主义伟大胜利——在中国共产党第十九次全国代表大会上的报告》，人民出版社2017年版，第52页。

④ 《深化党和国家机构改革方案》，人民出版社2018年版，第41页。

原局的主要职责是监督管理森林、草原、湿地、陆生野生动植物资源和荒漠化防治工作，组织林业和草原及其生态保护修复，开展造林绿化工作，监督管理国家公园等各类自然保护地等。国家公园管理局的组建，标志着我国以国家公园为主体的自然保护地体系改革进入了一个新阶段。

（三）以国家公园体制推动自然保护地体系改革启动

国家公园体制改革没有完成时，只有进行时。2019 年 6 月，中共中央办公厅、国务院办公厅印发《关于建立以国家公园为主体的自然保护地体系的指导意见》。指导意见强调："建立分类科学、布局合理、保护有力、管理有效的以国家公园为主体的自然保护地体系，确保重要自然生态系统、自然遗迹、自然景观和生物多样性得到系统性保护，提升生态产品供给能力，维护国家生态安全，为建设美丽中国、实现中华民族永续发展提供生态支撑。"①在 2019 年 10 月党的十九届四中全会通过的《中共中央关于坚持和完善中国特色社会主义制度　推进国家治理体系和治理能力现代化若干重大问题的决定》中，再次强调"加强对重要生态系统的保护和永续利用，构建以国家公园为主体的自然保护地体系，健全国家公园保护制度"②。国家公园体制这一概念在党的十八大以来历次重要会议上被频频提及，既表明了建立国家公园体制的重大意义，也彰显了党中央推动生态文明体制的决心和信心。

2020 年 3 月，中共中央办公厅、国务院办公厅印发《关于构建现代环境治理体系的指导意见》，从全面提升生态环境领域治理体系和治理能力现代化水平的高度，明确提出要"以坚持党的集中统一领导为统领，以强化政府主导作用为关键，以深化企业主体作用为根本，以更好动员社会组织和公众共同参

---

① 《关于建立以国家公园为主体的自然保护地体系的指导意见》，人民出版社 2019 年版，第 2 页。

② 《中共中央关于坚持和完善中国特色社会主义制度　推进国家治理体系和治理能力现代化若干重大问题的决定》，人民出版社 2019 年版，第 32 页。

与为支撑”,构建“党委领导、政府主导、企业主体、社会组织和公众共同参与”的现代环境治理体系,实现政府治理和社会调节、企业自治良性互动,完善体制机制,强化源头治理,形成工作合力,为推动生态环境根本好转、建设生态文明和美丽中国提供有力制度保障。① 国家公园体制试点作为一种全新的自然保护方式,显然要在构建现代环境治理体系框架中予以设计和思考。

总的来说,开展国家公园体制试点建设以及建立以国家公园为主体的自然保护地体系,正在成为推动我国生态文明体制改革和生态文明建设的突破口,也在成为实现我国生态文明领域治理体系和治理能力现代化的重要抓手。

二、 三江源国家公园是我国第一个国家公园体制试点

(一)10 个国家公园体制试点建设相继开展

2015 年 12 月 9 日,中央全面深化改革领导小组第十九次会议在北京召开。习近平总书记主持会议,并审议通过了我国国家公园体制建设的一个标志性文件——《三江源国家公园体制试点方案》。2016 年 3 月,中共中央办公厅、国务院办公厅联合印发了该试点方案。2018 年 1 月,国家发展改革委发布了《三江源国家公园总体规划》。该规划明确指出:“坚持以生态保护体制机制创新为突破口,实现对三江源重要生态系统的保护和利用,实现三江源重要自然资源国家所有、全民共享、世代传承。”②2016 年 12 月,中央全面深化改革领导小组第三十次会议又审议通过大熊猫、东北虎豹国家公园体制试点方案。随后,福建武夷山、浙江钱江源、湖南南山、湖北神农架、云南香格里拉普达措以及北京长城等 6 处国家公园体制试点方案相继由国家发展改革委批复通过。2017 年 6 月,为加强对遭到严重破坏的祁连山生态环境的

① 中共中央办公厅、国务院办公厅印发《关于构建现代环境治理体系的指导意见》,《人民日报》2019 年 3 月 4 日。

② 《三江源国家公园总体规划》,国家发展改革委政府网,2018 年 1 月 17 日。

系统整体保护和系统修复，尝试以国家公园新体制保护祁连山生态环境成为重要选择，中央全面深化改革领导小组第三十六次会议特别审议通过了祁连山国家公园体制试点方案。

五年来，各试点区域工作快速推进，继三江源率先挂牌成立国家公园管理局后，东北虎豹、大熊猫、祁连山、钱江源、武夷山等国家公园管理局纷纷组建完成。北京长城国家公园体制试点虽在前期做了大量工作，取得一定成效，但因生态资源条件和面积规模达不到标准，2018 年年底终止试点。2019 年 1 月 23 日，为填补在热带地区开展国家公园体制试点的空白，中央全面深化改革委员会第六次会议审议通过《海南热带雨林国家公园体制试点方案》。到目前为止，全国共在 12 个省市开展了三江源、大熊猫、东北虎豹、祁连山、武夷山、钱江源、南山、神农架、香格里拉普达措和海南热带雨林等 10 处国家公园体制试点，总面积约 22. 3 万平方千米，约覆盖我国国土面积的 2. 3%。在短短的五年时间里，中国国家公园体制试点区域面积已赶上美国国家公园的面积总和，大有“后来者居上”之势。特别是在 10 处国家公园体制试点中，三江源、大熊猫、东北虎豹、祁连山和海南热带雨林五处试点由中央全面深化改革领导小组（委员会）审议通过，充分说明了国家公园体制试点肩负着推动我国生态文明体制改革的重大责任。

（二）三江源国家公园体制试点使命重大

三江源位于青海省南部，地处世界“第三极”青藏高原腹地，平均海拔超过 4000 米，享有“中华水塔”和“三江之源”之美誉，是重要的国家生态安全屏障和全球气候安全屏障。然而，由于受全球气候变化和人类活动加剧等因素综合作用，虽然西部大开发以来国家实施了三江源生态保护一期、二期等工程建设，“但区域生态环境整体退化的趋势尚未得到根本遏制”①。具体表现在，

---

① 《三江源国家公园总体规划》，国家发展改革委政府网，2018 年 1 月 17 日。

草场退化沙化、水土流失、冰川冻土消融等问题依然十分突出，实现“整体恢复、全面好转、生态健康、功能稳定”的生态保护修复目标依然任重道远。另外，这一区域经济社会发展缓慢，公共服务水平比较低，牧民群众增收渠道狭窄。为了从根本上解决三江源生态保护、经济发展和民生改善等问题，以区别于传统自然保护区的国家公园体制模式来加强保护三江源就成为一种尝试。

从国家层面率先在三江源区域开展国家公园体制试点的原因概括起来有四个方面：一是这里水源涵养功能强大。作为我国重要的淡水供给地，长江、黄河、澜沧江三大河流年均出省水量达到600亿立方米。据最新公布的数据显示，长江总径流量的1.8%、黄河总径流量的49%、澜沧江总径流量的17%、黑河总径流量的45.1%，都是从青海省流出的。[①] 在地势高亢、气候严寒的地理环境里，三江源发育和保持着水源涵养功能强大的冰川雪山、高海拔湿地、高寒草甸草原，形成世界上最原始、大面积的高寒生态系统。二是这里生物多样性保育功能丰富。三江源是全国32个生物多样性优先区域之一，有野生管束植物2238种，国家重点保护野生动物69种，占全国国家重点保护野生动物种数的26.98%，特别是藏羚羊、雪豹、白唇鹿、野牦牛、藏野驴、黑颈鹤等特有珍稀保护物种比例高，素有“高寒生物自然种质资源库”之称。[②] 三是这里在应对全球气候变化上作用十分重要。三江源区域的森林、草地、湿地等生态系统是重要碳库和二氧化碳的吸收器、贮存库和缓冲器。研究结果初步证实，除了高原林地和高原湿地，仅青藏高原的草地生态系统，每年的碳固定能力就达到1000万吨，通过退耕还林、退耕还草逐步恢复高寒草地、高寒湿地和高原林地，还可以使原来的碳源功能转变为碳汇功能。[③] 四是这里历史文化积淀深厚。三江源人文历史悠久，民俗民族文化独特，原住居民敬畏自然、善待生命

---

① 王建军：《建设国家公园示范省　促进人与自然和谐共生》，《求是》2019年第24期。

② 罗鹏：《这个国家公园不一样》，《中国国家地理·三江源国家公园特辑》2018年增刊。

③ 陈文玲：《三江源生态保护恢复和建设应上升为国家战略》，《中国经济时报》2008年6月13日。

的价值观对于三江源乃至青藏高原生态保护发挥了积极作用，是开展国家公园体制试点的重要社会基础。总之，在生态系统服务功能、自然景观、生物多样性等均具有全国乃至全球意义保护价值的三江源区域开展国家公园体制试点，既有利于世界“第三极”的可持续保护、给子孙后代留下一方“净土”，有利于激发社会各界参与三江源生态保护的动力、促进人与自然和谐共生，还有利于推动生态保护管理体制机制创新，有利于统一行使重要自然资源资产管理与国土空间用途管制。

在《三江源国家公园体制试点方案》中明确提出了试点建设的“三区”目标，即把三江源国家公园建设成为“青藏高原生态保护修复示范区”“共建共享、人与自然和谐共生的先行区”和“青藏高原大自然保护展示和生态文化传承区”①。通过不懈的努力，最终把三江源国家公园打造成为中国生态文明建设的一张“亮丽名片”、国家重要生态安全屏障的“保护典范”、子孙后代传承享受的“一方净土”，为全国国家公园建设和自然保护地体系改革提供可复制、能推广的经验，确保“中华水塔”更加坚固而丰沛。该试点方案还要求在三江源区域同步开展自然资源资产负债表编制，推进“多规合一”以及生态保护红线划定等工作，使三江源国家公园成为生态文明体制改革的示范区。

可见，作为第一个真正意义的国家公园试点，地处青藏高原的三江源国家公园体制试点建设无疑被赋予了生态文明体制改革的多重任务，其经验和做法必将在我国生态文明建设领域中发挥十分重要的作用。推进三江源国家公园体制试点建设，要以马克思主义自然观、发展观和习近平生态文明思想为理论指导，在立足三江源地区实际，充分借鉴国内外国家公园建设经验和教训的基础上，走出一条具有中国特色和青藏高原特点的新路，并为中国和青海省国家公园体制建设和自然保护地体系改革积极探索和大胆试验。

① 姜峰：《新中国的“第一”：第一个国家公园体制试点》，《人民日报》2019 年 10 月 5 日。

三、 本书的思路方法、主要内容和不足之处

（一）研究思路和方法

自“国家公园”概念被引入我国后，学术界对这一概念的内涵及由来、如何创新国家公园体制机制、如何有效推动国家公园运行等问题进行了热烈的讨论。但由于在三江源区域开展国家公园体制试点还是一个全新的尝试，现有研究多集中于对三江源保护与建设工程中的生态保护模式总结与反思，以及发展生态经济、实施生态移民、完善生态保护补偿机制等方面，对于如何从自然保护区保护模式上升为国家公园保护模式，还讨论的不多。本书试图在借鉴国内外国家公园建设经验和教训的基础上，结合我国和三江源地区实际，首先，厘清国家公园概念的内涵和外延，改善目前对“国家公园”混乱使用的局面；其次，在回顾总结三江源生态保护历程的同时，全面深入分析五年来三江源国家公园体制试点建设取得的突出成绩和存在的深层次问题；再次，以马克思主义自然观、发展观和习近平生态文明思想为指导，力图破解生态环境保护与经济社会发展两难困境，探寻在国家公园试点区域实现生态经济发展、社区深度参与及健全生态保护补偿机制的新路径；最后，以三江源国家公园体制试点为样板，提出在三江源区域进行自然保护地整合归并优化的建议和青海省建立以国家公园为主体的自然保护地体系示范省的思考。

本书坚持“以问题为导向、以学理为支撑”的原则，综合运用规范分析和实证分析、历史分析和比较分析、理论分析与案例分析等方法，借鉴生态经济学、区域经济学、新制度经济学、生态学、社会学、管理学等相关学科的理论、方法和视角，主要通过对 2016 年以来三江源国家公园体制试点建设的实证研究，在借鉴国际国内国家公园建设管理的经验与做法的同时，深入分析三江源国家公园体制试点建设和自然保护地体系改革这一重大问题。在研究中，一

方面坚持“学问是用脚做出来”和“把论文写到大地上”的治学理念，每年抽出一定时间深入三江源国家公园管理局，以及位于玉树、果洛两州四县的长江源（可可西里）、黄河源、澜沧江源三个园区涉及的乡镇、村社等地，与各级干部、科研工作者、农牧民群众、环保组织工作人员等座谈交流，综合运用访谈观察、田野调查、问卷调查等方法掌握第一手资料，密切跟踪和总结三江源国家公园体制试点建设推进情况。同时，前往祁连山、东北虎豹、钱江源、武夷山、香格里拉普达措等国家公园体制试点区域开展专题调研，积极借鉴这些国家公园体制试点区域的经验和做法。另外，通过大量阅读现有关于国家公园体制的书籍资料，并登录英国、美国等国家公园网站，参加相关学术会议，及时了解国际上国家公园与自然保护地建设的最新进展，综合运用文献法、比较法研究国家公园建设与管理问题。

（二）主要内容和核心观点

本书的逻辑结构是：从概念辨析入手，通过横向对比和历史回顾首先廓清国家公园这一概念的内涵与外延，然后系统深入总结三江源国家公园体制试点建设取得的成就及存在的问题，最后以习近平生态文明思想为指导，提出推进三江源国家公园体制试点建设与自然保护地体系改革的建议。按照这一逻辑，主要内容包括七个部分：一是国家公园概念的由来及演变；二是国外国家公园建设与管理的经验借鉴；三是国家公园体制在我国的实践探索；四是青海省自然保护地体系及其面临的体制困境；五是三江源生态保护与国家公园体制试点建设；六是以习近平生态文明思想引领三江源国家公园体制建设；七是以三江源国家公园体制建设推进自然保护地体系改革。

经过研究，本书主要形成了以下核心观点：

1. 从学术角度回顾和梳理了国家公园概念的由来和演变

人类是大自然的产物，大自然不仅提供人类生存的各种物质条件，也是人类精神的家园和智慧的源泉。针对工业革命以来人与自然关系的严重失衡，国家公园这一改善人与自然关系的概念应运而生。作为自然保护地体系的重要类型之一,国家公园是珍贵的自然瑰宝,是最重要的代表性生态系统的核心、荒野区域的代表、野生生物的乐园,还是自然实验室和自然保护的指针,也是大众游憩的胜地和人类的精神家园。通过回顾人与自然关系的演变,本书认为,国家公园是一个保护与利用长期博弈形成的产物,国家公园是一个"想象中"的共同体,国家公园是一个被建构的"神圣"目的地,国家公园是一个动态变化的概念。

2. 在国外国家公园建设与管理的经验借鉴方面,要在立足国情的基础上,走出一条把美国的"荒野保护"模式与英国的"乡村保护"模式有机结合的新路子

如果说美国国家公园管理具有中央集权型、立法推动型的特点,英国国家公园在管理上则属于典型的地方分权型、规划控制型。中国国家公园内土地虽然为全民所有和集体所有,但在20世纪80年代土地承包政策实施后,大部分的土地都由农牧民群众承包经营,而且承包时间不断延长,并成为我国的一项基本经济制度。面对这样一种特殊的土地制度,国家公园在土地管理政策上必须处理好全民、集体法律上所有与农户、个人实际上承包并"物权化"的复杂关系,在保持土地承包经营权稳定不变的前提下,通过"三权"分置或创设保护地役权等方式,实现国家公园的国家性和公益性。另外,中国作为一个人口众多、历史悠久、区域差异大的发展中大国,东西部、南北方的不同地区在国家公园体制建设上不可能采取"一刀切"的政策,必须坚持因地制宜的原则。在"胡焕庸线"(瑷珲—腾冲)西北侧的一些人口稀少、自然条件严酷的地区可以走荒野保护之路,而在全国的绝大部分地区则必须有效解决好生态保护与社区发展这个关键问题,充分发挥社区在保护中的积极作用,把与自然相和谐的人类活动变成国家公园的一道亮丽风景线,使国家公园成为人们进行保护、生活、工作、游憩"四位一体"的地方。

3. 分析了自然保护区建设和国家公园地方实践中存在的问题，并对真正意义的国家公园体制试点进行了调研，初步总结了几个试点区的经验

新中国成立以来，虽然以自然保护区为主体的保护地管理体系保留了我国自然资源的精华部分，但由于大多数自然保护区是在“抢救性保护”的情况下建立的，单纯追求数量、不求质量，“一刀切”的管理方式没有得到及时纠正，管理上多头伸手、部门利益冲突升级，对保护区指导不力、投资不足、管理机构薄弱，而且与当地经济社会发展存在矛盾和冲突，自然保护区建设实际处于缓慢发展甚至停顿状态，有些地方甚至出现了倒退。2006 年以来，以云南省为代表的国家公园地方实践虽然取得了一定成绩，但也存在四个突出问题：一是在管理理念上偏离公益性原则，突出经济导向，国家公园成了地方的“GDP 发动机”和企业的“摇钱树”；二是管理体系混乱，自然保护区管理中“条块分割与职责同构相结合”的多头管理弊端并未得到解决，生态系统的整体性被条块利益所肢解；三是由于获得的财政拨款极其有限，迫使一些地区走上了以“国家公园”为幌子极力招揽旅游者的歧途，扭曲了国家公园建设的初衷；四是政府既建管理机构又建旅游经营公司，使得政企不分，企事缠绕，两权粘连。2016 年以后，国家公园体制试点上升为国家战略，课题组除密切跟踪三江源国家公园体制试点外，还对祁连山、东北虎豹、钱江源、武夷山、香格里拉普达措等国家公园体制试点区进行了实地调研，初步总结了这些国家公园体制试点建设的进展情况及亮点，开阔了研究视野。特别是在钱江源、武夷山国家公园内开展的集体林地保护地役权改革很有启发意义和借鉴价值。

4. 在梳理了青海省自然保护地体系概况后，剖析了其面临的六个方面的体制困境

青海省虽然自然保护地数量大、类型多、占地广，但与全国其他地区一样，在管理体制上仍存在以下问题：一是资源家底不清，对各类自然保护地的本底调查基础薄弱；二是产权主体缺位，从中央到地方对国有自然资源的委托—代理链条过长；三是保护政策多元，自然保护地空间布局呈现交叉重叠和破碎化现象;四是条块目标冲突,保护与发展的矛盾仍未有效协调;五是法律法规建设滞后,难以适应自然保护地有效保护的实际需要;六是管理机构薄弱,保护经费、人员及能力严重不足。本书还以青海省的"名片"青海湖为例,在充分肯定了近年来生态保护取得成绩的基础上,从九种类型集一身、条块关系难理顺、社区居民怨言多、旅游服务品质低和生态环境隐忧现等五个方面概括了其保护与利用面临的困境,并建议以青海湖国家级自然保护区为基础开展国家公园体制试点。

5. 在充分肯定三江源国家公园体制试点建设取得成效的基础上,对尚需理顺的"四大关系"和尚需破解的"四大难题"进行了深入分析

自西部大开发战略实施以来,国家对三江源的保护不断升级,从最大的国家级自然保护区上升为第一个国家公园体制试点。五年来,三江源国家公园体制试点建设取得的明显成效主要表现在:一是组建管理实体,理顺管理体制;二是设置管护岗位,发挥社区作用;三是制定条例规划,夯实制度基础;四是探索特许经营,发展生态经济;五是扩大社会参与、实现共建共治。但在体制试点推进过程中仍然存在条块、内外、左右、上下"四大关系",即园区管委会(管理处)与所在县委县政府的关系、划入园区地区与未划入园区地区的关系、乡镇政府一般职能与保护管理职能的关系、生态管护资金与扶贫资金的关系等尚需进一步理顺;人、地、钱、法"四大难题",即编制不足和人员素质较低、地域范围划定不够科学和草场产权障碍、财政保障资金不足、国家公园条例与上位法相冲突等难题尚需进一步破解。

6. 推进三江源国家公园体制建设要以习近平生态文明思想为指导,逐步摆脱苏联模式的深刻影响,也不能照搬照套世界自然保护联盟(IUCN)的分类体系

立足三江源生态保护实际,坚持敬畏自然、尊重自然、顺应自然、保护自然理念,坚持山水林田湖草是一个生命共同体理念,坚持绿水青山就是金山银山的理念,注重运用系统思维保护生态环境,注重发挥市场机制的积极作用,注重提高社区参与水平，努力在国家投入、公益性保障和地方利益保障之间找到平衡点，形成“政府主导、多方参与，区域统筹、分区管理，管经分离、特许经营”的保护管理体制，走出一条具有中国特色的生态保护与发展新路。在坚持生态保护优先原则，突出国家公园的国家性、公共性和公益性的基础上，增强国家公园体制试点实施方案和相关规划的科学性和权威性，建立多元共治、发挥农牧民群众主体作用的保护管理体制。进一步做好三江源国家公园体制建设，要遵循保护优先、兼顾发展，多方参与、民生为本，共建共享、流域联动，合理分区、制度保障的重要原则，特别是要注重从底层突破实现三江源生态保护体制机制的重构，走出一条“顶层设计”与“基层探索”有机结合之路。

7. 提出了以三江源国家公园体制建设推进青海省自然保护地体系改革的对策建议

通过研究，建议在三江源国家公园体制试点结束时，一是将原三江源国家级自然保护区内的格拉丹东、当曲和约古宗列三个保护分区共计 3. 21 万平方千米的面积，以及经识别确认的保护空缺区域，整体划入三江源国家公园范围内，确保三江源头的生态系统真正得到系统性、原真性、完整性保护；二是将原三江源国家级自然保护区内剩下的 10 个保护分区，即麦秀、中铁—军功、阿尼玛卿、年宝玉则、玛可河、多可河、通天河沿、东仲—巴塘、江西、白扎保护分区，按照生态系统重要程度逐步设立为独立的国家级自然保护区或小型国家公园，或由国家管理的自然公园，与西藏、云南、四川、甘肃等涉藏地区形成“世界第三极”国家公园群，以进一步加强对“中华水塔”和青藏高原的整体保护。

在青海省以国家公园为主体的自然保护地体系示范省建设方面，根据国家林草局西北调查规划设计院的前期调查研究，全省共有 15 个类型的自然保护地 223 处，根据《关于建立以国家公园为主体的自然保护地体系的指导意见》的精神，拟纳入整合优化的有国家公园体制试点、自然保护区、水产种质资源保护区、风景名胜区、地质公园、湿地公园、森林公园和沙漠公园 8 个类型共 109 处自然保护地。2020 年 8 月，根据国家林草局自然保护地司等上级部门提出的水产种质资源保护区、保护小区、珍稀植物原生分布地(点)、野生动物重要栖息地、饮用水水源保护地、水利风景区等不纳入现状基数,风景名胜区不参与本次自然保护地整合优化的要求,本着循序渐进、分步实施的原则,最后确定青海省纳入本次整合优化的自然保护地类型和数量。经过整合优化,青海省在国家公园建设上将形成“2+2”的格局,即除按期设立三江源国家公园,并与国家林草局协商设立祁连山国家公园外,在深入总结青海湖保护与利用历程以及管理体制演变的基础上适时开展青海湖国家公园体制试点,在柴达木盆地选择适当区域开展昆仑山国家公园体制试点,这样将在青海省境内具有国家代表性的生态系统和自然景观全部纳入国家公园体系之中。另外,在科学合理、慎重稳妥整合优化归并自然保护地的同时,还提出了建立自然保护地统一分级管理和部门协同管理相结合的体制、完善自然保护地差别化管控和社区参与共建共管机制、健全自然保护地以中央财政投入为主的多元化资金保障机制等三个方面的建议。

青海省作为国家公园示范省,除了要在整合优化归并自然保护地方面示范外,还应通过处理好严格保护与统筹兼顾、政府主导与社会参与、生态保护与民生改善、生态保护与特许经营四大关系,在国家公园体制建设上做好示范。

(三)不足之处

一是在概念优化方面。由于国家公园的概念是个“舶来品”,在与中国实践特别是三江源实际结合时有一个消化、转化的过程,所以,如何形成具有中国特色的国家公园概念就是一个十分重要的问题。本书虽然从学术角度梳理了国家公园概念的形成和演化,但对于如何界定具有中国特色的国家公园概念的内涵和外延仍需进一步研究。

二是在理论深化方面。国家公园体制试点建设和自然保护地体系改革要以习近平生态文明思想为指导。由于生态文明是一种全新的文明形态,有关生态文明的相关理论还在不断发展之中,再加上对习近平生态文明思想的学习掌握不够,在三江源国家公园实践研究上时常陷入“雾里看花”和“盲人摸象”的尴尬境地,“认识问题”和“分析问题”的能力水平仍需提高。

三是在建议实化方面。新中国成立以来,青海省已形成了以自然保护区为主体,面积广大、数量众多、类型复杂的自然保护地体系,但如何以国家公园体制为突破口整合优化这些自然保护地仍是一个十分棘手而复杂的问题。虽然本书提出了以国家公园体制建设优化三江源区域和青海省自然保护地体系的对策建议,但在可操作性上还显不足。

总之,本书在理论、政策和实践三个方面还存在很多需要进一步完善的地方,今后计划把国家公园体制建设问题放到国家治理体系和治理能力现代化的框架下进一步研究,以期为青藏高原生态保护与高质量发展提供政策建议,最终为把“青藏高原打造成为全国乃至国际生态文明高地”的宏伟目标贡献智慧和力量。

第一章　国家公园概念的由来及演变

"国家公园"的概念起源于美国,是在对工业革命消耗自然资源、损害生态环境的生产生活方式深刻反思的基础上,形成的一种试图重塑人与自然关系、处理保护与发展矛盾的全新尝试,并被列入世界自然保护联盟(IUCN)制定的自然保护地分类体系之中。当然,这一概念最终成为一个"想象中"的共同体并被"神圣"地予以建构后,在向世界其他国家和地区推广与传播时,其内涵和外延就像不同国家公园的不同景观一样发生了新的变化。①

第一节　国家公园是反思人与自然关系的产物

一、工业革命对人与自然的关系提出了严峻挑战

经过文艺复兴和宗教改革运动,人类对于自然的态度经历了从依附自然、敬畏自然到支配和控制自然的"祛魅化"转变,通过运用理性和知识,人类终于从对神和自然的恐惧中摆脱出来②,工业革命也从此发生。但工业革命以

① 马洪波:《国家公园概念的形成与演变》,《学习时报》2018年1月8日。

② 王雨辰:《建构人与自然的和谐共生关系》,《光明日报》2020年3月2日。

来，人类在以前所未有的速度创造和消费物质财富的同时，也盲目地消耗了自然资源、破坏了生态环境。资本主义的快速发展及在全球的扩张使得人与其他生物共同栖息的“大自然”沦落为可以用金钱衡量、为资本所驱使的“自然资源”；工业革命和科学发展带来的层出不穷的新技术，使人类“插上了机器的翅膀”，终于获得了随心所欲地征服自然、改造自然的超强能力，人与自然的关系不断趋向恶化。① 以矿产资源为例，经过近 300 年的掠夺式开采，全球 80%以上可工业化利用的矿产资源已从地下“转移”到地上，并以“垃圾”形态堆积在我们周围，总量已达数千亿吨，并且还在以每年 100 亿吨的数量持续增加。② 据世界自然基金会（WWF）发布的《地球生命力报告 2018》统计，2014 年全球包括鱼类、鸟类、哺乳动物、两栖动物和爬行动物在内，超过 4000 种野生动物总数，相较于 1970 年下降了 60%。换句话说，在不到 50 年的时间里平均下降超过一半。其中，淡水生态系统的生物数量已减少 80%，而亚马孙雨林所处的拉丁美洲一带情况最为严峻，已有将近 9 成动物消亡。③

在生态环境日趋恶化和生存危机日趋严峻的双重挑战下，人们不得不再次深入思考“人与自然的关系”这一重大问题。美国历史上第一位本土哲学家爱默生（Ralph Waldo Emerson）提出的超验主义自然观（Transcendentalist）认为，“自然是精神的象征”，并对自然始终保持着一种崇敬又畏惧的节制态度，成为日后荒野保护的哲学基础。④ 美国环保主义的先驱亨利·梭伦（Henry David Thoreau）继承其精神导师爱默生的衣钵，以超验主义自然观重新审视自然与文明的关系，反对那种把改善物质条件当成人生最高甚至唯一

① 杨锐：《国家公园与自然保护地研究》，中国建筑工业出版社 2016 年版，前言。

② 李静：《发改委力推城市“矿产基地”建设，消减原生资源依赖》，《瞭望东方周刊》2011 年 8 月 8 日。

③ 《全球野生动物 44 年间消亡 60%　人类活动系生物多样性最大威胁》，新华网，2018 年 11 月 4 日。

④ 唐芳林等：《国家公园理论与实践》，中国林业出版社 2017 年版，第 38 页。

目标的做法,并率先提出了荒野保护思想,成为之后美国荒野保护运动与国家公园运动的重要思想基础。在其1854年首版名著《瓦尔登湖》中,他说,"绝大多数奢侈品,以及许多所谓的生活的舒适,非但是多余的,而且还会妨碍人类的提升。说到奢侈和舒适,最聪明的人往往过着比穷人还要简单和简朴的生活。无论在中国、印度、波斯还是希腊,古代的哲学家都是身外财物比谁都少、内心财富比谁都多的人。"①"那些貌似富裕实则极其贫穷的人,他们积累了钱财,却不知如何使用它,或者如何摆脱它,因而给自己打造了黄金或者白银的镣铐。"②他进而向世人发出了摆脱物欲羁绊,崇尚简朴生活,回归自然、回归自身灵性的呼吁。

受爱默生思想深刻影响的美国自然文学作家约翰·缪尔(John Muir)在其名著《我们的国家公园》中,对人类欲望膨胀导致对大自然的巨大损害进行了无情的鞭挞和讽刺。他说:"人类也使大自然的面貌产生了翻天覆地的变化。这种一半是禽兽一半是天使的高等动物其影响力最为巨大,他们迅速地繁殖、扩散,用船舶覆盖住湖泊和海洋,用房屋、旅馆、教堂和林立的城市店铺与住宅覆盖住大地"③,"这些长着蹄子的蝗虫与那些长着翅膀的蝗虫一样,将所到之处的绿叶吞噬殆尽"④。总之,自工业革命以来,自认为掌握了征服自然、改造自然能力的人类越来越自我膨胀和狂妄自大,越来越不安于"自然之子"的地位,开始以"自然之主"的姿态凌驾于自然之上了。

二、国家公园体制是重塑人与自然关系的一种尝试

但是,无论何时何地,人类永远是大自然的产物,大自然不仅提供人

① 亨利·梭伦:《瓦尔登湖》,李继宏译,天津人民出版社2013年版,第11页。
② 亨利·梭伦:《瓦尔登湖》,李继宏译,天津人民出版社2013年版,第12页。
③ 约翰·缪尔:《我们的国家公园》,郭名倞译,江苏人民出版社2012年版,第4页。
④ 约翰·缪尔:《我们的国家公园》,郭名倞译,江苏人民出版社2012年版,第10页。

类生存的各种物质条件，也是人类精神的家园和智慧的源泉。约翰·缪尔在《我们的国家公园》中还说到，“成千上万心力交瘁生活在过度文明之中的人们开始发现：走进大山就是走进家园，大自然是一种必需品，山林公园和山林保护区的作用不仅仅是作为木材与灌溉河流的源泉，它还是生命的源泉。当人们从过度工业化的罪行和追求奢华的可怕冷漠所造成的愚蠢恶果中猛醒的时候，他们使出浑身解数，试图将自己所进行的小小不言的一切融入大自然中，并为大自然添色增辉，摆脱锈迹与疾病，通过远足旅行，人们在终日不息的山间风暴里洗清了自己的罪孽，荡涤着由恶魔编织的欲网”①。

1832年，美国艺术家乔治·卡特林(George Catlin)针对印第安文明、野生动植物和荒野(Wildness)在美国西部大开发中所遭受的破坏问题，提出了一个伟大的设想：“政府应该通过一些伟大的保护政策，建设一个壮美的公园(a magnificent park)，以保留这片土地原始质朴的美丽和野性。在这里，世人能够目睹岁月流转，看到土著印第安土人身着经典服饰，力挽长弓，高举盾牌和长矛，骑着野马驰骋于麋鹿和美洲野牛群中。对于美国来说，为她文雅的公民和整个世界永久保留这样的场景，将是一幅多么美丽和惊险的样本画卷。人类和野兽共生的‘国家的公园’(A Nation’s Park)，完全展示了自然之美的野性和清新。”②1810年，英国浪漫主义诗人威廉·沃兹沃斯(William Wordsworth)在撰写英格兰“湖区”(Lake District)指南时，展现了对遁迹于山水的自然崇拜，他写到：全岛怀有纯正感情的人，经过他们通往英格兰北部湖区的旅行(通常是重复回访)，都能见证，并愿意把该区视作一种国家财产，在这里每个人都有权力和兴致用眼睛来感知，用心灵来感受。在这里，沃兹沃斯使用的英文词汇不是“national park”而是“national property”。

① 约翰·缪尔：《我们的国家公园》，郭名倞译，江苏人民出版社2012年版，第2—3页。

② George Catlin, *North American Indians*, Edited with an Introduction by Peter Matthiessen, Penguin Books, 1989.

这一伟大构想在约翰·缪尔所著的《我们的国家公园》一书中进一步深化，他写到："各种风暴、激流、地震、天崩地裂以及'宇宙灾变'等，无论最初它们看上去是多么神秘、多么无序，但它们都是大自然创造之歌的和谐音符，是上帝表达其爱意的不同形式。"①所以，要保护好我们的原始山林和公园，使其永葆自然的优美、壮观，使其免遭世俗为牟利而染指践踏，吸引人们来到这里吸纳领受上帝的恩赐，让大自然美妙与和谐的生态融入人们心中。在世界自然基金会(WWF)发布的《地球生命力报告2018》中用精练的四句话对自然与人类的关系进行了概括，即自然是生物多样性之本，自然是食物、住所和药物的来源，自然提供清洁水、空气和健康的土壤，自然鼓舞着我们。

思想是行动的先导。一代又一代思想家的超前思考终于推动美国国会于1872年正式批准设立世界上第一个真正意义的国家公园——黄石国家公园，并确立了"为人民的利益和快乐"(For the Benefit and Enjoyment of the People)服务的国家公园建设宗旨。黄石国家公园由此成为"有益于人民，为人民所享用的公共公园(Public Park)或快乐地(Pleasuring-ground)"②。在设立黄石国家公园近20年后，美国国会又相继新建了约塞米蒂、美洲杉和格兰特将军(1890)，雷诺尔山(1899)，火山口湖(1902)，冰川(1910)和洛基山(1915)等国家公园。1916年，美国国会颁布《组织法案》(Organic Act)，成立国家公园管理局(National Park Service，NPS)，将当时由内政部管理的14个国家公园、24个国家纪念地、热泉(Hot Springs)和(CasaGrande)废墟保留地全部交由NPS管理。法案明确了NPS的根本任务、理念和政策，标志着国家公园成为保护自然的重要实体。

① 约翰·缪尔：《我们的国家公园》，郭名倞译，江苏人民出版社2012年版，第168页。

② 原文为："As a public park or pleasuring-ground for the benefit and enjoyment of the people"(Barry Mackintosh，2000)。

第二节　国家公园是自然保护地体系的重要类型

一、 世界自然保护联盟关于保护地的分类

自美国黄石国家公园设立以来,国家公园作为一种处理保护与发展关系的新方式被世界很多国家和地区广泛采用。为了促进和规范国家公园和自然保护地建设,世界自然保护联盟(The International Union for Conservation of Nature,IUCN)于 1948 年在法国成立。该联盟确立了“实现人类进步、经济发展和自然保护相统一”的宗旨,并经过多年的努力建立了一套有关自然保护地类别的术语和标准。世界自然保护联盟下设涵盖 140 多个国家和地区的专家咨询委员会——世界保护地委员会(World Commission on Protected Areas,WCPA),将促进海域和陆域保护地生态系统有效管理和公平治理、提供科学和专业的政策建议作为主要任务。1994 年,世界自然保护联盟对全球各种类型的保护地进行了系统分析,提出了自然保护地管理分类。根据保护与发展需要,2008 年世界自然保护联盟首先更新了保护地的定义,即保护地是指通过法律或其他有效手段进行确认、专用和管理,并被清晰界定的地理空间,以实现与生态系统服务和文化价值相契合长期保护自然的目标。① 然后,在其出版的《世界自然保护联盟保护地管理分类应用指南》中将保护地划分为六种类型:Ia 严格的自然保护区(Strict Nature Reserve)、Ib 荒野区(Wilderness Area);Ⅱ国家公园(National Park);Ⅲ自然纪念或特征地(Natural Monument or Feature);Ⅳ栖息地/物种管理区(Habitat/Species Management

① 原文为:A protected area is a clearly defined geographical space, recognised, dedicated and managed, through legal or other effective means, to achieve the long term conservation of nature with associated ecosystem services and cultural values(IUCN Definition 2008)。

Area)；Ⅴ陆地/海洋景观保护区(Protected Landscape/Seascape)；Ⅵ自然资源可持续利用保护区(Protected Area with Sustainable Use of Natural Resources)(见表1-1)。

表1-1　世界自然保护联盟自然保护地管理体系分类

类别	名　称	特　点	功能定位	大　小
Ia	严格的自然保护区(Strict Nature Reserve)	严格设立的用于保护生物多样性、可能的地质或地貌特征的保护地。在这里,人类的参观、利用和影响被严格加以控制,并被限制在确保保护价值的范围内,主要用作科研和环境监测目的	主要用于科学研究的保护地	通常较小;严格的自然保护地通常位于人烟稀少的地区;如果有大面积严格的自然保护区存在,也可能是个例外
Ib	荒野区(Wilderness Area)	未经人类改变或很少受到改变的大面积区域,保持着区域的自然特征和影响力,没有永久性或重要的人类居住区,其保护管理目的是保存其自然状态	主要用于保护自然荒野的保护地	通常较大;提供足够的空间去体验荒野和大尺度的自然生态系统
Ⅱ	国家公园(National Park)	把大面积的自然或接近自然的生态系统保护起来,以保护大范围的生态过程及其包含的物种和生态系统特征,同时,提供与环境与文化兼容的精神享受、科学研究、自然教育、游憩和参观的机会	主要用于生态系统保护和游憩目的的保护地	通常较大;生态系统过程的保护使该地区需要包括足够大的面积,以覆盖全部或大多数生态过程
Ⅲ	自然纪念或特征地(Natural Monument or Feature)	专门设立的用于保护某种自然特征的区域,该类型可能是某种地貌、海心山、水下洞穴,或类似山洞的地质特征或某种远古树丛的活体特征,通常规模较小并有很高的参观价值	主要用于特种自然特征保育的保护地	通常较小;有些自然遗迹会被包括在具有其他保护价值的大型自然保护地中
Ⅳ	栖息地/物种管理区(Habitat/Species Management Area)	优先管理目标是保护特别物种或栖息地,许多区域需要经常而积极的干预以确保特别物种或栖息地的需要,但这不是该类型保护地的必要条件	主要用于通过管理干预手段来实现保育目的的保护地	通常较小;如果该自然保护地的建立只是为保护个别物种和栖息地,这表明它很可能相对较小

续表

类别	名　称	特　点	功能定位	大　小
Ⅴ	陆地/海洋景观保护区（Protected Landscape/Seascape）	长期以来人与自然的交互作用创造了独特的区域特征，因此而具备重要的生态、生物、文化和景观价值。捍卫这种交互作用的完整性，对于保护和维持该区域及其自然保育和其他价值至关重要	主要用于陆地/海洋景观保育与游憩的保护地	通常较大；在一个景观区域里，包括了不同土地利用的镶嵌，使得此类自然保护地通常是一个较大的区域
Ⅵ	自然资源可持续利用保护区（Protected Areas with Sustainable Use of Natural Resources）	在兼顾文化价值和传统自然资源管理方式的同时，保护生态系统和栖息地。该类型通常规模庞大，大部分区域处于自然状态，小部分区域的自然资源利用处于可持续、无工业利用及与自然保护相协调的状态	主要用于自然生态系统可持续利用的保护地	通常较大；管理的广泛性通常表明此类自然保护地是一个较大的区域

资料来源：IUCN，2008 Guidelines for Applying Protected Area Management Categories，IUCN 网站。

在 2003 年世界自然保护联盟的统计中①，全球共有各类保护地 102102 处，总面积 18763407 平方千米，与 1962 年相比 40 余年时间总面积增加了近 8 倍，保护地总面积已从英国领土的规模增加为南美洲面积的大小。其中，以第Ⅳ类（栖息地/物种管理区）和第Ⅲ类（自然纪念或特征地）的数量最多，两者合计占保护地总数的 46.5%；以第Ⅱ类（国家公园）和第Ⅵ类（自然资源可持续利用保护区）的面积最大，两者合计占保护地总面积的 46.9%。2003 年，全球共有国家公园 3881 个②，占保护地总数量的 3.8%，累计面积达到 4413142 平方千米，占保护地总面积的 23.5%。时至今日，世界陆地面积的 12%已被列入保护地体系。

① ［澳］沃里克·弗罗斯特、［新西兰］C.迈克尔·霍尔：《旅游与国家公园——发展、历史与演进的国际视野》，王连勇等译，商务印书馆 2014 年版，第 10—12 页。

② 全球国家公园的数量一直在变动之中。截至 2014 年 3 月，世界保护地委员会（WCPA）数据库统计的属于国家公园（Ⅱ类）的数量已达 5219 个。

二、 世界自然保护联盟保护地分类体系下的国家公园

世界自然保护联盟根据保护地自然性的强弱对六大类保护地进行了以下排序,依次为:Ia(严格的自然保护区)/Ib(荒野区)——Ⅱ(国家公园)/Ⅲ(自然纪念或特征地)——Ⅳ(栖息地/物种管理区)/Ⅵ(自然资源可持续利用保护区)——Ⅴ(陆地/海洋景观保护区)。国家公园属于六大类保护地中的第Ⅱ类,保护强度仅次于严格的自然保护区和荒野区。1994 年,世界自然保护联盟对国家公园的定义比较简单,即"国家公园是主要用于生态系统保护及游憩活动的天然的陆地或海洋"。2008 年,国家公园的定义丰富为:把大面积的自然或接近自然的生态系统保护起来,以保护大范围的生态过程及其包含的物种和生态系统特征,同时,提供与环境与文化兼容的精神享受、科学研究、自然教育、游憩和参观的机会。[①] 世界自然保护联盟设定的国家公园主要目标是:在遵循生态结构和环境过程的基础上保护好自然界的生物多样性,并兼顾教育和娱乐功能。其他目标包括:(1)尽可能使管理的区域保持自然状态,展示典型性的地貌景观、生物群落、基因资源和未受损害的自然过程;(2)保持本土生物种群的数量、密度和繁育度,以长期维护生态系统的完整性和适应性;(3)保护好广泛分布的生物种群、区域生态过程和迁徙路线;(4)适度开展满足访客精神、教育、文化、娱乐需求的活动,并使这种活动不至于导致对自然资源和生态系统的显著破坏;(5)充分考虑原住居民和当地社区对于资源可持续利用的需求,但不能对国家公园的主要目标产生负面影响;(6)通过旅游业推动地方经济发展。

① 原文为:Category Ⅱ protected areas are large natural or near natural areas set aside to protect large-scale ecological processes, along with the complement of species and ecosystem characteristics of the area, which also provide a foundation for environmental and culturally compatible spiritual, scientific, educational, recreational and visitor opportunities(IUCN.2008 Guidelines for Applying Protected Area Management Categories)。

通常来说,国家公园规模范围庞大、生态系统功能完善,并需要相邻区域的协同管理。其显著特征有三:一是该区域的主要自然区系、生理环境特征和景观具有代表性、典型性,在这里生活的动植物及其栖息地和地理景观多样性对开展精神、科学、教育、娱乐或旅游活动有价值;二是该区域具有足够大的规模范围和生态质量,以利于用最小的管理措施就可以为本土物种和生物群落维持长期的生态功能和过程;三是该区域生物多样性的组成、结构和功能最大限度地处于"自然"状态,或者具有采取相对低风险的非本土物种干预就可以恢复为这一状态的潜力。

国家公园与其他类型保护地的主要区别:(1)与Ⅰa(严格的自然保护区)相比,国家公园通常不像严格的自然保护区那样严格保护,而是可以建设旅游设施、开展旅游活动。然而,对进入国家公园核心区的游客数量有严格控制,其保护程度类似于严格的自然保护区;(2)与Ⅰb(荒野区)相比,国家公园内拥有更多的服务设施(小径、道路、旅馆),可接待较大数量的访客。国家公园内核心区域的访客数量受到严格控制,这一点又与荒野区类似;(3)与Ⅲ(自然纪念或特征地)围绕单一自然特征保护相比,国家公园聚焦整体生态系统的保护;(4)与Ⅳ(栖息地/物种管理区)注重生境和单个物种保护相比,国家公园强调对生态系统的整体性保护。特别是栖息地/物种管理区很少具备足够规模去保护整体生态系统,与国家公园的主要区别就是在保护规模上:虽然有例外,栖息地/物种管理区一般都比较小,如重要湿地、小片林地,而国家公园通常都比较大并且可以自我维护;(5)与Ⅴ(陆地/海洋景观保护区)突出文化景观保护相比,国家公园保护区域基本上处于自然状态或恢复自然的状态;(6)与Ⅵ(自然资源可持续利用保护区)相比,国家公园内的资源可以进行可持续利用或用于实现娱乐目的,但其他的开发均被禁止。

国际上关于国家公园的概念和定义已达成的共识是:(1)保护面积不小于10平方千米,且未经人类开采、聚居或建设的自然地区,这里既具有国家代表性,又具有优美的自然景观、特殊的生态环境;(2)主要是为了保护自然景观、野生动植物和特殊的生态区系而设立;(3)为有效地保护自然景观和维护生态平衡,国家最高权力机构立法限制工商业及聚落的扩张,禁止伐木、采矿、设电厂、农耕、放牧及狩猎等行为;(4)通过维护原有的自然状态,使其成为现代及未来的科学、教育、游憩、启智资源。① 从功能定位看,国家公园不仅仅是开展"自然保护"的物质载体,同时也承担着满足"公民游憩"的功能,其最为核心的问题是如何在最大限度保护资源的同时,合理地发挥其教育、休闲及娱乐功能,并在一定程度上利用国家公园的运营和收入来改善当地的经济状况和居民的生活水平。②

总之,与传统的"刚性保护"相比,国家公园保护模式在保护对象、方法、力量和空间四个方面呈现新的发展态势:从视觉景观保护走向生物多样性保护,从消极保护走向积极保护,从一方参与走向多方参与,从点状保护走向系统保护。③ 国家公园既具有保护生态的核心功能,又具有科研、教育、文化、游憩等多种功能,既要保护有形的自然资源和人文资源及其景观,也要保护无形的非物质文化形态的遗产资源。国家公园的主要功能虽然是生态保育,但并不排斥其文化和经济功能。④ 用世界自然保护联盟中国代表处驻华代表朱春全博士的话语总结:"国家公园是珍贵的自然瑰宝,是自然保护地体系中的精华,是最重要的代表性生态系统的核心,荒野区域的代表,野生生物的乐园,还是自然实验室和自然保护的指针,也是大众游憩的胜地和人类的精神家园。"⑤可见,国家公园不仅是一个国家自然景观的典型代表,也是一个国家精神文化的重要象征。

---

① 李如生:《美国国家公园管理体制》,中国建筑工业出版社 2005 年版,序言。

② 李春晓、于海波:《国家公园——探索中国之路》,中国旅游出版社 2015 年版,第 4 页。

③ 杨锐:《试论世界国家公园运动的发展趋势》,《中国园林》2003 年第 7 期。

④ 唐芳林:《中国需要建设什么样的国家公园》,《林业建设》2014 年第 10 期。

⑤ 朱春全:《IUCN 自然保护地管理分类与管理目标》,《林业建设》2018 年第 9 期。

第三节　国家公园概念的形成与演变

一、 国家公园是一个平衡保护与利用关系的产物

在后期关于美国黄石国家公园创建的宏大叙述和追溯中，总是传颂着一个充满着理想主义和利他主义色彩的“创世神话”：1870 年 9 月 19 日晚，一群探险者围坐在美国怀俄明州黄石地区两条河流汇合处的一堆篝火旁，从保护生态、悲天悯人的伟大视角，破天荒地提出了将这里整块地盘划出来设为一座伟大的国家公园的设想。据说，当时同行队伍中有一位名为朗福德（Nathaniel P. Langford）的队员将其记录为：“那个区域的任何一块地盘都不应该是私人所有，应将整块地盘划出来设为一座伟大的国家公园，而我们每个成员都应该为实现这个目标付出一部分努力。”① 其实，创建或持久地保护国家公园，并不只是一个理性发展的自然过程，还是一场不同利益主体相互博弈的政治斗争。最早提出设立黄石国家公园不仅是为了保护这里的自然美景，而是发现了这些风景奇观中蕴含的巨大商机，同时横穿美国大陆的铁路竣工也使旅游业的发展成为可能。美国国家公园建设其实也走过大量修建道路、旅馆和宿营地，开发旅游景点、吸引大量游客，猎杀野生动物，忽视当地原住民权益等过度开发的弯路，这些自然保护地也曾经沦为商业产品。② “在影响国家公园的所有争吵声中，持续时间最长且争论最为激烈的，就是如何在保护与利用之间划出界限。”③

在经历了对国家公园掠夺式开发的阶段后，美国国家公园组织法等相关

---

① 杨彦锋等：《国家公园：他山之石与中国实践》，中国旅游出版社 2018 年版，第 4 页。

② 朱春全：《国家公园的方向：保护第一，公益优先》，《中国科学报》2019 年 1 月 29 日；高科：《美国国家公园的旅游开发及其环境影响（1915—1929）》，《世界历史》2018 年第 4 期。

③ ［澳］沃里克·弗罗斯特、［新西兰］C.迈克尔·霍尔：《旅游与国家公园——发展、历史与演进的国际视野》，王连勇等译，商务印书馆 2014 年版，第 324 页。

立法和执法发挥了重要作用。通过保护与开发拉锯式的长期博弈，人们最终认识到国家公园内的美丽风景不仅是生态旅游业发展的重要基础，而且"许多人相信，知识和灵感会出现在崎岖不平的山间、波澜万丈的大海，抑或风景诱发敬畏和崇敬之情的任何地方。这种崇高的体验甚至也可以包括规模巨大、资源有趣，足以吸引为数不多的探险客的洞穴"①。同时，"不断增长的城市化倾向，使人们越来越多地关注工薪阶层的住房、健康和普遍的福利。城市公园和户外游憩被视为对抗贫民窟、堕落、疾病和绝望情绪的有效手段"②。所以，国家公园是在人们生活水平日益提高，对回归大自然的渴求日益旺盛的背景下，秉持"保护为主、兼顾利用"原则，人为创设的一种保护地类型。

二、国家公园是一个"想象中"的共同体

正如民族国家的概念一样，创建国家公园在某种意义上也是一种强化民族文化认同的重要方式。一个民族国家中的所有成员不可能都有面对面的个人密切接触和联系，不可能都相互知根知底，由此要通过创设"概念"和编造"故事"等方式，"想象"他们的关联度和统一性。所以，一个民族国家要把这么多的民族团结在一起，有必要培育和鼓励社会性的社会建构，以便让人民共建共享，产生认同感，并把全国"黏合"在一起。这些社会建构包括民族英雄、神话、偶像、庆典、纪念物、艺术（文学、绘画、电影）、菜肴、习俗以及传统。③

美国内战结束以后，发展前途呈现一派繁荣景象，全体国民也信心十足，进入美国的黄金时代。随着疆域的拓展，"西部发现的这些自然奇景正好弥

① ［澳］沃里克·弗罗斯特、［新西兰］C.迈克尔·霍尔：《旅游与国家公园——发展、历史与演进的国际视野》，王连勇等译，商务印书馆2014年版，第94页。

② ［澳］沃里克·弗罗斯特、［新西兰］C.迈克尔·霍尔：《旅游与国家公园——发展、历史与演进的国际视野》，王连勇等译，商务印书馆2014年版，第27页。

③ ［澳］沃里克·弗罗斯特、［新西兰］C.迈克尔·霍尔：《旅游与国家公园——发展、历史与演进的国际视野》，王连勇等译，商务印书馆2014年版，第73页。

补了美国的缺陷,即该国缺乏古老城池、贵族传统,以及旧世界成就中其他类似遗留物方面的遗憾”。早期欧洲移民来到北美洲后,他们的语言文字是欧洲带来的,宗教信仰是欧洲带来的,境内又没有历史悠久的城市,唯一与欧洲不同的就是在美国西部地区发现的自然美景,而这正是强化美国国家意识的重要依托。所以,“国家公园理念向前演进,它所满足的文化需求,远远超过环境需求。寻求独特的民族身份,而非所谓‘石头的权利’,才是隐含在景观保护后面最原始的推动力”①。“自然吸引物,包括国家公园也履行着民族身份、民族自豪感和民族成就象征的功能。”② 可以说,美国率先建立国家公园,不仅是为了保护自然环境和适度发展旅游业,更是为了在这个新兴的国家里强化来自世界各地各色人种的移民对美国的国家认同,以增强美国人的民族自豪感、国家意识和凝聚力。正如美国作家、史学家华莱士·斯特格纳说:“美国国家公园是我们有史以来最伟大的创造,是我们美利坚品格和民主精神最完美、最优秀的体现。”③

三、 国家公园是一个被建构的“神圣”目的地

人类文明的不断发展,永远改变不了人是“自然之子”这一事实。况且自人类诞生以来,90%以上的时间都是居住在山林中靠采摘野果和狩猎过活,绝大多数人生活在几乎与自然界隔离开来的人工环境里只是工业革命以后的事情。哈佛大学生物学家威尔逊认为,人类有种内在的需求,就是想要亲近自然——他把这种需求称为“亲自然情结”。他举例说,对不同文化的研究调查表明,人类天生喜欢开阔的视野,绿茵茵的草原,点缀着树木、池塘、无边无际的田野。威尔逊认为这种原始的人类诞生之初的认同感还存在于我们体内深

① ［澳］沃里克·弗罗斯特、［新西兰］C.迈克尔·霍尔:《旅游与国家公园——发展、历史与演进的国际视野》,王连勇等译,商务印书馆 2014 年版,第 77 页。

② ［澳］沃里克·弗罗斯特、［新西兰］C.迈克尔·霍尔:《旅游与国家公园——发展、历史与演进的国际视野》,王连勇等译,商务印书馆 2014 年版,第 72 页。

③ 贺燕等:《美国国家公园管理政策》(最新版),上海远东出版社 2015 年版,第 3 页。

处,是我们"亲自然情结"在基因上留下的深刻烙印。① 有一项问卷调查也表明,当被调查者被问到心目中最理想的住所是什么样时,绝大多数人的回答居然是:在森林点缀的开阔草原上,有一处背山靠河朝阳的房子。而这正是人类在非洲起源时留在现代人潜意识中的深刻记忆。

工业文明时代为了满足人们的"亲自然情结",必须通过选择一套可以视作社会或文化意义的符号学"旅游语言",将旅游展示为在神圣时间段的消费,而国家公园之类的目的地就是被"建构"为以某种方式远离人们日常生活的神圣空间。"国家公园的社会及文化嵌入向旅游者提供了一个逃离日常生活环境的时空感。公园的社会与文化建构以及它所展示的东西,强化了当代社会中旅游的重要性,同时,也定义了这种现象自身,由此在某种程度上,创建了一个'表征循环',其中可以找到逃离与寻求意义的两个方向。"②人类是一种生活在自己编织的意义之网上的文化动物,而国家公园就是人类创造出来的一个逐渐被认可的"神圣"目的地,这个"神圣"目的地可以被追求,也可以被消费。因此,"国家公园入口处的石磨标记不只是意味着地理上的变化,同时也是心理上的变化"③。在生活水平日益提高的情况下,国家公园日益承载着人们对自然的多种厚望,在这里可以实现短时间回归自然、抚慰心灵的期盼。

四、 国家公园是一个动态变化的概念

国家公园的概念起源于美国,与《独立宣言》和《宪法》一样备受世人赞赏,被誉为"美国人的发明"。其原因,一是美国建国以后独特的荒野经历塑

① [美]杰里米·里夫金:《第三次工业革命——新经济模式如何改变世界》,张体伟、孙豫宁译,中信出版社 2012 年版,第 250 页。

② [澳]沃里克·弗罗斯特、[新西兰]C.迈克尔·霍尔:《旅游与国家公园——发展、历史与演进的国际视野》,王连勇等译,商务印书馆 2014 年版,第 189 页。

③ [澳]沃里克·弗罗斯特、[新西兰]C.迈克尔·霍尔:《旅游与国家公园——发展、历史与演进的国际视野》,王连勇等译,商务印书馆 2014 年版,第 191 页。

造了一种对自然的鉴赏观;二是民主的意识确保了国家公园的公有性而非私有性;三是拥有大量未开发的土地可供建设国家公园;四是财力雄厚足以负担国家公园建设中的昂贵开支。[①] 可以说,这一概念的产生是美国人独特的荒野经历以及民主、富裕的国情和幅员辽阔的国土等多种因素的综合作用。然而,当这一美国概念向世界其他国家和地区传播时,它并不只是被简单地复制和翻版;相反,它演化出多种形式,以适应不同的自然生态、社会环境和国家制度。当越来越多的国家和地区开始筹划创建国家公园时,各地的本土历史文化和国外的经验做法都有同等重要的意义。

美国人之所以要保护荒野,从小视野来看是要保护荒野的多重价值,从大视野来看是要平衡文明与荒野的关系,破解文明过度扩张、压缩荒野空间的问题。[②] 国家公园这一概念在向澳大利亚、加拿大、新西兰这些"移民定居型"国家传播时被迅速接纳,因为他们都是迅速扩张的边疆社会,使用共同的语言,拥有共同的文化价值观;但在向欧洲传播的过程中遇到了"水土不服"问题,直到第二次世界大战结束以后才逐步建立了国家公园。其原因,一是由于欧洲大部分土地为私人所有,购买土地的成本极其高昂,很难走土地国有化之路;二是欧洲历史悠久、人文荟萃,本身就拥有众多的文化遗产和历史遗迹来定义它们的民族文化认同和旅游感召力,对借助国家公园来增强民族凝聚力和旅游吸引力的需求不旺盛。国家公园概念在欧洲推广时显然经历了"本土化"的过程。另外,苏联地广人稀的国情决定了以前主要通过建立自然保护区的方式来保护生态,直到 1983 年在经济重建的政策指导下,才开始建设国家公园。

总之,国家公园的理念在美国形成以后,被作为"风景民族主义"和"景观民主"的绝佳典范受到世人极力推崇。但是,这一概念在向世界其他地区推

---

① [澳]沃里克·弗罗斯特、[新西兰]C.迈克尔·霍尔:《旅游与国家公园——发展、历史与演进的国际视野》,王连勇等译,商务印书馆 2014 年版,第 34 页。

② 滕海键:《美国人荒野观与荒野保护的历史演变》,《光明日报》2016 年 9 月 15 日。

广和拓展时，就像国家公园向来一直保护的景观、环境和价值一样，每时每刻都处在永恒的变化之中。坦率地说，"国家公园"这一保护生态的美国概念只有与其他国家的特殊国情有机结合以后，才能焕发出勃勃生机。

第二章　国外国家公园建设与管理的经验借鉴

国外国家公园建设与管理在美国模式的基础上，又产生了欧洲模式、澳大利亚模式和英国模式等。如果说在国家公园建设与管理上，美国模式强调中央集权和立法推动，那么英国模式则更注重地方分权和规划控制。在建设具有中国特色的国家公园体制时，要从人口众多、历史悠久、区域差异大、土地制度特殊的基本国情出发，在借鉴国外有益经验的基础上，走出一条自己的路来。

第一节　国外国家公园建设与管理模式

国家公园在美国率先建立后，又经世界自然保护联盟的规范与倡导，世界许多国家和地区通过立法等方式推动国家公园建设，同时结合各自特点在国家公园建设和管理体制上形成了四种模式，即美国模式、欧洲模式、澳大利亚模式和英国模式（见表2-1）。

表 2-1 世界具有代表性的国家公园发展模式①

国家公园发展模式	世界自然保护联盟类型	首要目标	土地所有制	管理方式
美国模式	第Ⅱ类保护地	保护生态和提供游憩机会	联邦政府拥有土地所有权,主要保护大面积的原始荒野地	以内务部国家公园管理局垂直管理为主线、典型的中央集权型管理体制
欧洲模式	第Ⅱ类保护地	保护生态	土地公有制和土地私有制并存,居住地景观和非居住地景观混合	
澳大利亚模式	第Ⅱ类保护地(定义更严)	保护生态	各州政府对其辖区的国家公园行使保护职责,并提供财政和人力支持	自然保护局是自然保护机关,对外代表国家签订相关协议,对内协调各州、地方之间的合作
英国模式	第Ⅴ类保护地	保护自然景观以及增加游憩机会;国家公园还负有提升经济社会福利的职责,当目标之间发生冲突时,将依据桑德福原则进行调整	土地私有制,居住地景观为主	国家公园管理机构是法定的规划机构

世界主要国家的国家公园在管理理念、管理体制、资金来源和经营方式等方面既有许多不同,又有很多相似之处。②

一、 管理理念

在管理理念上,各国都强调国家公园的国家性和公益性特点,要求通过国家公园这一保护自然的有效方式,既实现对自然资源的永续利用,又可为人民提供游憩、休闲和享受自然的机会。美国国家公园组织法中明确说明建立国家公园的理念是"将国家公园资源的公益性服务排在第一位,保持其原真性、

① 肖练练、钟林生、周睿、虞虎:《近 30 年来国外国家公园研究进展与启示》,《地理科学》2017 年第 2 期。

② 唐芳林:《国家公园理论与实践》,中国林业出版社 2017 年版,第 38—119 页。

完整性”，国家公园被认为是“美国最大的没有围墙的大学”。加拿大国会通过国家公园法案确立“长期保护加拿大重要的、有代表性的自然地区，鼓励公众了解、鉴赏和享用这些自然资源，并将它们健全地留给后代”的目的，并强调建设国家公园的宗旨是为了加拿大人民的利益、教育和娱乐而服务，国家公园应该得到很好的管理以使下一代使用时没有遭到破坏。德国在其颁布国家公园法令中，确立了国家公园具有开展公众教育、提高公众自然保护意识，保护森林生态系统和野生动物栖息地、维护生态系统的自然演替过程以及为科研活动提供场所的三重目的。各国国家公园管理理念的表述虽不尽相同，但核心均是保护自然资源的永续利用和满足全民的娱乐性，充分地体现了国家公园的本质属性是以国家性、公益性为主，兼顾社会性的特点。

二、 管理体制

美国国家公园管理是典型的中央集权型管理体制，经过百余年的发展已形成了以“内务部—国家公园管理局—地方办公室—基层管理局”为主线、相对独立且垂直一元化的管理体系，这些管理机构与公园所在地方政府没有业务关系。遍布全美的国家公园管理人员，代表联邦政府为全体国民保护珍贵的自然和文化遗产。国家公园管理局下设七个地区分局，分片管理各地的国家公园，各地的国家公园设有公园管理机构，具体负责本公园的管理事务。加拿大的国家公园管理模式兼具有中央集权和地方自治的特点，国家公园管理主要通过国家级、省级、地区级和市级四个层面的政府立法开展，每个国家公园必须依法制定正式的管理规划。德国联邦政府负责制定国家公园管理的相关法律，国家公园的具体建立和管理主要由州议会决定，国家公园管理机构直接对州林业部门负责，无须向上汇报，也与基层政府无关。澳大利亚国家公园管理奉行“柔性保护”理念，激发公众发自内心的关心自然、爱护自然、认识自然和了解自然的潜能，采用联邦政府和各州政府分级管理的模式。虽然各国在国家公园管理体制上差异较大，但求同存异是主流趋势。

三、资金来源

国家公园的资金主要来自各级政府的财政预算,也接受社会各界的捐款,通常实行免门票或低门票制,以降低公众进入国家公园的门槛,体现了国家公园的公益性。美国国家公园的经费大部分来源于联邦政府的财政拨款,占国家公园运作资金的70%—80%,一部分来源于社会慈善基金,同时还有特许经营与游客消费收入。特别是美国国家公园在不危害资源保护的前提下,积极发挥市场在资源配置中的基础性作用,形成了一种通过开展特许经营活动补充资金来源的有效方式。澳大利亚国家公园的资金来源主要是联邦政府专项拨款和各地动植物保护组织的捐款,其中以政府的财政投入为主。在资金管理上实行收支两条线政策,国家公园不搞营利性创收活动。德国国家公园的资金支出由公共财政统一安排,采取各级财政保障本级所有的国有林业和国家公园资金需求的政策。德国所有的国家公园不收门票,同时免费开放环境教育设施。总的来说,国家公园的资金来源主要包括国家财政拨款、非政府组织筹措、其他经营收入和社会捐赠等几种形式,在不断加大政府投入的同时,各国都在大力鼓励个人和组织进行捐赠,以减轻国家财政的负担。

四、经营方式

在经营机制上,各国国家公园大多实行特许经营制度,以公开招标方式选择和确定经营者。"政企分开、管经分离"是美国国家公园开展特许经营时奉行的金科玉律,即在国家公园管理局的地区主任代表联邦政府与公开招标中的中标人签订出让合同后,经营者可开展无损于国家公园核心资源的餐饮、住宿、纪念品等旅游服务活动,同时经营者在经营规模、价格水平、经营质量等方面都必须接受国家公园管理者的监管。德国国家公园主要依靠邻近市镇解决食宿问题,一般不在公园内修建餐饮住宿设施,这样既保护了生态系统的完整性,又维护了当地居民的利益并刺激了地方经济发展。加拿大国家公园通过完善特许经营制度,更好地实施收支两条线政策,基层国家公园管理局通过特许经营的形式出让经营项目给承租人,并按照成本补偿的定价原则收取一定费用,与财政资金一起保障国家公园正常运行。各国大多选择以特许经营方式经营国家公园,合理区分管理者和经营者角色,避免走轻生态保护、重资源开发的老路。

另外,需要特别指出的是,在国家公园运动早期,在管理上倾向于将人与自然视为相互割裂的实体,将社区排除在国家公园以外,如今,随着人与自然和谐相处理念的逐步深入人心,社区参与已成为国家公园保护的重要方式,对社区的态度也从排斥转变为包容。[①]

第二节　美国国家公园建设与管理概述

一、 美国保护地管理体系

在美国的国土面积中有超过一半为私人所有,公有土地的占比不到一半。公有土地主要包括提供公共服务的区域、未利用的区域和私人无法利用的区域,这些公有土地由联邦、州和地方政府进行管理。美国的保护地绝大部分在公有土地上,包括联邦政府所有土地、州政府及地方政府所有土地、印第安保留地等。另外,美国政府机构和保护组织还通过私人土地信托和保护地役权,对一些私有土地进行管理。[②]

美国 2002 年土地统计数据表明:联邦政府共拥有 6.35 亿英亩土地,占国土面积的 28.05%;州政府及各级地方政府共拥有 1.95 亿英亩土地,占国土面积的 8.61%,印第安人拥有 5600 万英亩印第安保留地,占国土面积的 2.47%。

① Jessica Brown, Ashish Kothari, Local Communities and Protected Areas, *Parks*, 2002, Vol.12.

② 章柯:《学者谈自然资源部:公益性、经营性自然资源同归一部管理是挑战》,《第一财经》2018 年 3 月 25 日。

另外,在占国土面积高达60.87%的私有土地上,土地信托(也称土地保护或者保护土地信托)机构是私有保护地的中坚力量。截至2005年,美国的土地信托机构已由1950年的35家迅速蹿升至2005年的1667家,累计保护的土地面积达到3700万英亩。其中,39%的土地作为自然资源和野生动物栖息地而加以保护,38%的土地作为空旷地加以保护,26%的土地作为水资源保护地尤其是湿地加以保护。

美国的国有保护地体系共有八个类别,即国家公园体系、国家自然地标体系、国家森林体系、国家鱼和野生动物庇护所体系、国家景观保护体系、海洋保护区体系、印第安保留区和国防部保护区,分别由美国国家公园管理局、美国国家林务局、美国鱼和野生动物管理局、美国土地管理局、美国国家海洋与气象局、美国印第安事务所和美国国防部工程部队等七个机构管理。保护地总数为28196处,其中国家公园体系和国家自然地标体系两类保护地由美国国家公园管理局直接管理,数量仅占14.8%。美国内政部、农业部、国防部和能源部共同肩负着管理美国联邦土地的职责,其中,美国国家公园管理局、美国鱼和野生动物管理局、美国土地管理局和美国林务局分别管理着自己的保护地体系——国家公园体系、国家鱼和野生动物庇护所体系、国家景观保护体系和国家森林体系,合计占近93.8%的联邦土地(见表2-2)。①

表2-2　美国联邦土地分管机构土地管辖情况

类　型	管辖面积(百万英亩)	百分比(%)	备　注
美国土地管理局	245	34.19	截至2011年11月
美国林务局	193	26.93	截至2011年1月
美国鱼和野生动物管理局	150	20.93	截至2010年1月

① 于广志:《透析美国保护地——保护管理者必读》,长河出版社、华媒(美国)国际集团2012年版,第3—55页。

续表

类　型	管辖面积（百万英亩）	百分比（%）	备　注
美国国家公园管理局	84	11.72	截至 2011 年 1 月
美国国防部	30	4.19	截至 2011 年 1 月
美国田纳西流域开发管理局	0.3	0.04	截至 2011 年 1 月
美国陆军工程兵部队	12	1.67	参见参考文献所引网站
美国能源部	2.4	0.33	截至 2004 年 2 月
合计	716.7	100	

从表 2-2 可以看出，美国国家公园管理局只是美国四大国有土地管理部门之一，仅仅管辖着联邦土地 11.72%的面积，远低于美国土地管理局、美国林务局、美国鱼和野生动物管理局管辖联邦土地的面积。在保护地管理上，美国并没有将所有的保护地均集中于国家公园管理局一个机构负责，而是采取了专业管理与部门协作相结合的方式。四大国有土地管理部门在土地管理上有明确的职责分工和目标要求，国家公园管理局主要承担着国有土地的保护职责。

二、 美国国家公园管理体系

美国国家公园有狭义和广义两重概念。狭义的国家公园仅指被直接命名为“National Park”的 63 个国家公园；广义国家公园则指“国家公园体系”，是一个以国家公园为主，包括国家纪念地、国家保护区、国家湖滨、国家海滨、荒野和景观河流、小径、历史遗址、军事公园、战争遗址、历史公园、娱乐区、纪念馆和景观大道等多种类型的保护地体系。1916 年 8 月 25 日，美国第 28 任总统伍德罗·威尔逊签署了建立国家公园管理局的法令。经过百余年的发展，美国国家公园体系已成长为包括 423 个指定单位、166 个相关区域及诸多保护国家自然和文化遗产项目的庞大系统。所谓“指定单位”是美国国家公园管理局直接管理的单位，分布在全美 50 个州、哥伦比亚特区和美国领地上，总面积超过 8500 万英亩。所谓“相关区域”是指与国家公园管理局直接管理区域毗邻的自然与文化遗产地,这些区域也由美国国务院或内政部制定出台的法规规范,但由政府机构、非政府组织或土地所有者直接管理,国家公园管理局只是提供技术和金融支持(见表 2-3)。

表 2-3　美国国家公园体系

序号	指定单位类型	英文名称	数量
1	国家战场遗址	National Battlefield	11
2	国家战争公园	National Battlefield Park	4
3	国家战争纪念地	National Battlefield Site	1
4	国家军事公园	National Military Park	9
5	国家历史公园	National Historic Park	61
6	国家历史遗迹	National Historic Site	74
7	国际历史遗迹	International Historic Site	1
8	国家湖滨	National Lakeshore	3
9	国家纪念地	National Memorial	31
10	国家纪念碑	National Monument	84
11	国家公园	National Park	63
12	国家公园大道	National Parkway	4
13	国家保护地	National Preserve	19
14	国家保留地	National Reserve	2
15	国家休闲地	National Recreation Area	18
16	国家河流	National River	4
17	国家野生风景河流与河道	National Wild and Scenic Rivers and Riverway	10
18	国家风景小径	National Scenic Trail	3
19	国家海滨	National Seashore	10
20	其他指定单位	Other Designation	11
指定单位总数		Total Units	423
序号	**相关区域名称**	**英文名称**	**数量**
1	国家公园体系附属区域	Affiliated Areas	25
2	国家遗产区域	National Heritage Area	55

续表

序号	相关区域名称	英文名称	数量
3	授权区域	Authorized Areas	5
4	纪念区域	Commemorative Areas	3
5	国家步道系统	National Trails System	30
6	国家原生自然河流体系	National Wild & Scenic Rivers System	48
相关区域总数		Total Related Areas	166

资料来源:美国国家公园局 NPS 官方网站(最后更新时间:2021 年 2 月 16 日)。

国家公园系统已成为美国的象征,每年吸引着世界各地的游客来参观考察和游憩休闲。据统计,在美国国家公园管理局成立百年的 2016 年,美国国家公园系统的保护地共接待游客 33 亿人次,比 2015 年增加了 2370 万人次,其中在黄石、大峡谷、冰川、约塞米蒂、大雾山等国家公园中游客量增长最为显著;游客支出高达 184 亿美元,与国家公园相关的旅游业衍生出 28.5 万份工作,并为全国带来了近 277 亿美元的经济收入;国家公园内大约有 500 个特许经营合约,价值年均 10 亿美元。①

三、 美国国家公园管理政策的新变化

“国家公园”概念虽起源于美国,但在百余年的发展中,其内涵和外延在不断变化,对国家公园的管理政策也在不断发生着变化。

一是国家公园在坚持生态保护优先的同时,发挥的功能日益多元化。在其颁布的 2006 年版国家公园管理政策中,开篇就对国家公园创建的目的和功能有以下表述:“国家公园体系的创建,是为了保护这样一些地方免遭损害:其中含有众多世界上最壮丽的景观,有的铭刻着美国恒久奉行的原则,有的则提醒着世人,为了捍卫这些原则,美国人民曾作出的巨大牺牲。它们是全美国最卓越的休闲和学习之地。在这里,游客可以置身于历史事件的实际发生地,

① 相关数据来源于美国国家公园管理局 NPS 官方网站发布的 2016 年统计数据摘要。

还可以游赏全美国最具标志性的自然和历史名胜。这些地方能让我们的身体、精神和思想焕然一新。"[①]可见,现在的美国国家公园不仅是自然、历史、人文景观的保护之地,也是人们学习、休闲和接受自然教育、爱国主义教育之地,国家公园承担着以保护为主,兼顾科研、教育、游憩、社区发展等多种功能。

二是在对待国家公园内原住居民的态度上发生了重大变化。在处理国家公园管理机构与公园内北美印第安部落的关系上,近年来美国政府开始注重保护原住居民的历史文化遗产。自 1982 年国会创立了第一个考古保护地,试图抢救并保护残留的土著人文化,到 2006 年发布新版管理政策明确提出:"北美印第安部落与公园的土地和资源之间在历史、文化和精神上存在联系,而这些联系增强了确定国家公园管理局和部落之间关系的这种正式的法律依据。公园是众多北美印第安部落的祖居地,它旨在保护对这些部落而言极其重要的资源、遗址和景观,因此,管理局寻求与北美印第安部落建立一种公开的合作关系,帮助它们保持自己的文化和精神习俗,并增加公园管理局对公园内部遗址和资源的历史和重要性的了解。管理局要在其法律权限和其保护公园等职责的制约下,与部落政府合作,提供对延续北美印第安部落文化或宗教习俗而言至关重要的公园资源和场所。"[②] 与在国家公园建立初期所采取的迁移当地社区,即将当地印第安部落强行迁移,排除在公园参与管理之外的蛮横态度相比,当前美国国家公园管理部门更多的是采取社区共建、社区参与等方式与公园内原住居民协商解决共同关心的问题。

三是对自然资源从忽视科学管理到重视科学管理转变。美国国家公园在建立之初主要强调"为人民的享用",许多公园在"保护"的名义之下被过度开发利用,生态环境遭受严重破坏。特别是在 1916—1963 年,国家公园管理决

---

① 贺燕、殷丽娜主编:《美国国家公园管理政策》(最新版),上海远东出版社 2015 年版,第 1 页。

② 贺燕、殷丽娜主编:《美国国家公园管理政策》(最新版),上海远东出版社 2015 年版,第 30 页。

策与科学研究相互脱节，出现了自然资源管理“科学严重缺位”的状况。这一时期国家公园管理局推行的野生动物管理政策，就是杀死不招人喜欢的捕食动物（如美洲狮、狼），投喂招人喜欢的动物（如加拿大马鹿和熊），让公众在国家公园能更轻易地见到野生动物，满足他们的自然体验诉求。这种违背自然科学规律的做法带来了严重的生态后果。例如，到20世纪60年代初期，黄石国家公园里已经见不到狼和美洲狮的身影了。没有了这些捕食动物的黄石公园，加拿大马鹿泛滥成灾，数量超过园内生态系统承载量，草地被严重啃食。1963年，内政部“野生动物管理特别顾问委员会”发布《利奥波报告》后，美国国家公园管理局才第一次正式提出了“所有本土物种对于国家公园的使命都至关重要”的管理政策。在1998年出台的《国家公园管理局综合管理法》中，又将“内政部长应采取必要措施，充分合理地利用科学研究成果制定国家公园管理决策”等条款写入立法。① 重视生态系统的完整性、重视科学研究的前瞻性，才逐步成为国家公园管理的依托。

第三节　英国国家公园建设与管理概述

美国是世界上第一个提出并践行国家公园理念的国家，并且拥有比较完整的国家公园制度体系。所以，在我国国家公园问题的研究、建设与管理上形成了一种“言必称美国”的不正常局面，学术界、实践工作者和政府部门在思维方式上更多地想学习和借鉴美国经验，而对其他国家的做法关注不够。2015年10月中旬至11月上旬，笔者参加了由青海省政府法制办组织的生态保护立法培训班，利用三周的时间比较深入地考察了英国生态环境保护和国家公园建设与管理情况。通过实地考察，深切感受到英国作为一个历史悠久、人口众多、国土面积狭小，且经历了完整现代化、工业化过程的国家，其在生态

---

① 保尔森基金会：《从忽视科学到依循科学立法管理国家公园》，澎湃新闻网，2019年11月14日。

环境保护和国家公园建设管理上的经验对我国更有借鉴意义。①

一、 英国国家公园的发展历程

面对国家公园内土地权属复杂多元、原住居民众多的难题,英国并没有走美国黄石公园建设的老路,即先实现土地国有再进行规划管理,而是在尊重土地权属和社区权益的基础上,通过立法和规划以及来自欧盟和国家层面的补偿政策,调节园区内人们的行为,保证国家公园建设目标的实现。

作为世界上第一个工业化国家,英国在付出了环境污染破坏的惨痛代价后,自 20 世纪以来开始注重生态环境保护。为了限制建筑物在伦敦市区的无限扩张,17 世纪威廉 · 派特爵士(Sir William Petty)就提出了在伦敦市区 2 英里外设立"绿化带"的建议,到 1910 年又有人提出把绿化带设立在伦敦市区 5 英里以外,但这些建议由于缺乏支持未能实现。直到 1938 年《绿化带法》(*The Green Belt Act*)出台以及随后的几次修订后,绿化带才真正在伦敦及其他城市的周边建立起来。据统计,2011—2012 年仅英格兰的绿化带面积就达到 1639410 公顷,占英格兰总面积的 13%。

在《绿化带法》实施的同时,1949 年英格兰和威尔士出台了《国家公园和乡土利用法》(*The National Parks and Access to the Countryside Act*),明确了建立国家公园的要求。1995 年,《环境法》(*The Environment Act*)颁布。该法在国家公园方面进一步强调两个目标:一是保护与优化国家公园的自然美景、野生生物和文化遗产;二是为公众了解和欣赏公园的特殊景观提供机会。但当这两个目标发生冲突时必须坚持"桑福德原则"(Sandford Principle),即第一目标优先原则。在借鉴英格兰和威尔士经验的基础上,苏格兰《国家公园法》(*The National Parks Act*)于 2000 年制定出台,系统提出了建立国家公园的四个目标:(1)保护与优化本区域的自然和文化遗产;(2)促进本区域自然资源

---

① 马洪波:《英国国家公园建设与管理及其启示》,《青海环境》2017 年第 1 期。

的可持续利用；(3)促进公众对本区域特殊景观的理解和享受；(4)促进国家公园内社区经济社会可持续发展。在以上目标不可兼得时，保护也要放在首位。在一系列法律法规的有力保障下，峰区(Peak District)、湖区(Lake District)、雪墩山(Snowdonia)、达特姆尔(Dartmoor)四个国家公园于1951年率先成立。到2010年，英国累计建立了15个国家公园。其中，英格兰10个，占陆地面积的9.3%；威尔士3个，占陆地面积的19.9%；苏格兰2个，占陆地面积的7.2%(见表2-4)。

表2-4　英国国家公园相关数据统计①

国家公园名称	所属成员国	面积(平方千米)	设立时间	人口(人)	保护区数量	年游客量(百万)	年游客消费(百万英镑)
布雷肯比肯斯国家公园(Brecon Beacons National Park)	威尔士	1344	1957	32000	0	4.15	197
布罗兹国家公园(Broads National Park)	英格兰	305	1989	5721	18	7.20	419
凯恩戈姆山国家公园(Cairngorms National Park)	苏格兰	4528	2003	17000	4	1.50	185
达特穆尔国家公园(Dartmoor National Park)	英格兰	953	1951	34000	23	2.40	111
埃克斯穆尔国家公园(Exmoor National Park)	英格兰	694	1954	10600	16	1.40	85
湖区国家公园(Lake District National Park)	英格兰	2292	1951	42200	21	15.80	952
罗蒙湖与特罗萨克斯国家公园(Loch Lomond and the Trossachs National Park)	苏格兰	1865	2002	15600	7	4.00	190
新森林国家公园(New Forest National Park)	英格兰	570	2005	34400	18	—	123

① 张立:《英国国家公园法律制度及其对三江源国家公园试点的启示》,《青海社会科学》2016年第2期。

续表

国家公园名称	所属成员国	面积（平方千米）	设立时间	人口（人）	保护区数量	年游客量（百万）	年游客消费（百万英镑）
诺森伯兰国家公园（Northumberland National Park）	英格兰	1048	1956	2200	1	1.50	190
北约克摩尔国家公园（North York Moors National Park）	英格兰	1434	1952	25000	42	7.00	411
峰区国家公园（Peak District National Park）	英格兰	1437	1951	38000	109	8.40	356
彭布罗克郡海岸国家公园（Pembrokeshire Coast National Park）	威尔士	621	1952	22800	13	4.20	498
雪墩山国家公园（Snowdonia National Park）	威尔士	2176	1951	25482	14	4.27	396
南唐斯丘陵国家公园（South Downs National Park）	英格兰	1624	2010	120000	165	—	333
约克郡山谷国家公园（Yorkshire Dales National Park）	英格兰	1769	1954	19654	37	9.50	400

注：游客量和游客消费的数据源自 STEAM 报告，数据最后更新日期是 2012 年 10 月 3 日。

二、 英国国家公园的管理特点

由于英国土地大部分为私人所有，土地使用者为当地农户、城镇居民或军队、国家信托（National Trust）、村庄等机构，所以在对土地管理上，采取了由自然保护委员会、英格兰和威尔士乡村委员会、地区国家公园管理局、社区代表等多方进行合作管理的方式。具体而言，英国环境、食品和乡村事务部（DEFRA）统一对国家公园进行宏观管理；各个国家公园管理局对国家公园开展直接管理；乡村委员会、英格兰自然署等协助国家公园管理局具体制定实施规划；地方议会、社团及社区居民依法参与国家公园规划制定及实施。英国国家公园在管理上具有以下四个特点：

一是强化规划引领。虽然国家公园内的土地权属多元，国家直接所有的土地占比不高，但通过立法和规划，国家公园管理局可以比较有效地控制土地的使用方向，其所谓土地的“用途管制”。位于英格兰北部的诺森伯兰(Northumberland)国家公园总面积只有1048平方千米，其中25%的土地作为军事演习区域，约25%的土地由国家森工企业控制，50%的土地属于私人所有，国家公园直接所有的土地不足1%。但这个只有60名员工(其中正式编制只有22名)、每年预算仅为300万英镑的国家公园管理局，通过欧盟层面、国家层面和地方层面的立法保障和规划引领，仍然实现了国家公园的正常运转。

二是构建伙伴关系。国家公园建设往往要打破行政区划的限制，再加上内部利益主体多元化，所以在管理上要注重建立多元共治的有效合作伙伴关系(Partnership)。国家公园管理的成功依赖于政府部门、国家机构、地方当局、私人企业、慈善组织、土地管理者和社区组织之间的紧密合作。位于苏格兰北部的凯恩戈姆山(Cairngorms)国家公园是英国最大的国家公园，总面积4528平方千米，与青海湖面积相当。该公园介于苏格兰的五个地区之间，园内土地的私有率达到75%。为了平衡各地区和利益相关者的关系，在国家公园管理上实行19人组成的董事会领导体制，其中7人由苏格兰环境和气候变化部任命，7人由五个地方政府分别提名，另外5人由地方选举产生。成立于2005年的新森林(New Forest)国家公园虽然面积仅为570平方千米，但在日常工作中，由22人组成的管理机构居然要与90多个利益相关者打交道。英国的这一经验表明，国家公园的管理过程更多的是一种协调和妥协(Compromise)的博弈过程，而不是简单的领导和被领导、指挥和被指挥的关系。

三是注重繁荣社区。英国15个国家公园内绝不是“无人区”，每个公园内都有不少居民长期生活和工作，累计常住居民约有45万人。2010年成立的南唐斯丘陵(South Downs)国家公园总面积1624平方千米，园内有居民多达12万人；面积最大的凯恩戈姆山国家公园内也有居民17000人。英国国家公园的美丽景观本来就是长期以来人类与自然相互作用的结果,所以管理局与社区合作,或通过社区开展工作,对于保持与加强国家公园的自然与文化品质至关重要。因为一直生活在国家公园内的社区居民不仅拥有保护生态的宝贵的地方知识(local knowledge),而且被授权后能够在保护生态中发挥积极作用。每个国家公园管理局除了每3—5年制定保护规划外,还专门与社区协商制定经济发展战略,明确调整产业结构、加强教育培训、吸引外来投资和加大基础设施建设的措施,以实现生态保护与社区发展的"双赢"。

四是追求"四位一体"。与美国在"一张白纸"上的建设历程完全不同,英国是在高度工业化、城镇化的基础上开始建设国家公园的,大部分景观属于"Man-made Landscape"(人造景观),其上都有难以磨灭的人类活动印记。英国在完成了工业化进程后,原生态的自然景观所剩无几,大量的土地都有人工化的痕迹。国家公园建设不可能采取把原住居民全部迁出的办法,也不能阻止其他地区的人们前来观光旅游。因此,国家公园在管理中既要注重保护生态环境,也要把国家公园建设成为一个人们居住和工作的地方,同时还应在环境容量允许的情况下积极发展生态旅游业等产业。由此,保护、生活、工作、游憩(to conserve, live, work and enjoy)"四位一体"就成为英国国家公园管理的重要追求。

当然,英国国家公园在五十余年的运行中也出现了一些不容忽视的问题。比如,游客带来的诸如交通堵塞、破坏公园资源问题,损害及干扰野生动植物问题,乱扔垃圾问题,水土流失问题以及社区精英流失问题等。解决这些问题需要国家公园管理体制的不断改革和完善。

三、 英国国家公园是一种开放式的"乡村公园"

与美国"荒野型"国家公园保护模式相比,英国国家公园的保护模式显然是一种"乡村型"。英国国家公园没有美国国家公园那样大面积的荒野和"处女地",大多具有明显的乡村性或半乡村性,其公园管理一直追求传统文化和经济活动与乡村生态之间的协调融合。①

从英国特殊的国情出发，在国家公园管理上主要采取了两个方面的政策②：一是通过“社区可持续发展”政策缓解自然性与生产性的矛盾。公园内众多的社区是国家公园价值得以形成并保持的基础，在保护生态的前提下维持并推动社区发展是国家公园管理义不容辞的职责。国家公园管理部门通过制定地方层面的公园管理规划，协调政府、社区、公众等利益相关者的关系。二是通过“公共进入权”政策缓解公共性与私有性的矛盾。国家公园管理部门主要通过法律赋权、审批申请和奖励机制，促使私人土地开放公共进入权，实现在不改变土地私有权的前提下对公众有限开放。地方当局和其他机构也会通过购买或接受土地捐赠等方式，实现土地属性的转化，更好地体现国家公园的公益性。

第四节　美国、英国国家公园体制比较及启示

美国、英国两个发达国家在国家公园建设与管理上走出了各具特色的发展之路，在管理体制上也具有不同特点，对中国国家公园体制建设具有借鉴意义。③

一、美国、英国国家公园管理体制的特点

国家公园体制发源于美国。为了保护好美国西部的荒野和强化这个新生国家人民的国家意识和“景观民族主义”情怀，自 1916 年国家公园管理局成

① 徐菲菲：《制度可持续性视角下英国国家公园体制建设和管治模式研究》，《旅游科学》2015 年第 3 期。

② 王应临、杨锐、[德]埃卡特·兰格：《英国国家公园管理体系述评》，《中国园林》2013 年第 9 期。

③ 唐芳林等：《国家公园理论与实践》，中国林业出版社 2017 年版，第 38—51、68—73 页；徐菲菲等：《英美国家公园体制比较及启示》，《旅游学刊》2015 年第 6 期。

立以来,到1998年《国家公园系列管理方案》颁布,在历任局长的努力下形成了典型的"中央集权型"管理体制。隶属于内务部的国家公园管理局通过设立在全美的7个地区局,以及丹佛规划设计中心(Denver Service Center)和哈伯斯·费里规划中心(Harpers Ferry Center)等专业机构加强对国家公园体系的相对独立的垂直管理。国家公园管理局具有很强的自主权和灵活性,基本不受地方政府的掣肘。美国国会通过对国家重要性(national significance)、适宜性(suitability)、可行性(feasibility)和不可替代性(require direct NPS management)四个条件的综合把握,确定除国家纪念地以外所有国家公园单元类型的认定,美国总统则决定设立国家纪念地事宜。

英国国家公园建立的时间较晚。面对绝大部分土地私有、土地权属复杂、人为活动密集的国情,英国国家公园采取了一种灵活而复杂的"地方分权型"管理体制。名义上,联合王国层面的国家环境、食物和乡村事务部(DEFRA)负责英国所有国家公园的建设管理;实际上,英格兰自然署(Natural England)、苏格兰自然遗产部(Scottish Natural Heritage)、威尔士乡村委员会(Countryside Council of Wales)则分别负责其国土范围内的国家公园事务。每个国家公园具体事务由各自所属国家公园管理局进行管理。国家公园管理局主要是搭建沟通交流平台,与各类利益相关者进行协商对话。

另外,在美国国家公园发展中法律和法规发挥了重要作用,可以说是一种"立法推动型"。自1872年颁布第一部《黄石国家公园法案》,截至目前,共有25部针对国家公园体系的国会立法以及62种规章、标准和行政命令,每个国家公园还有专门的部门规章(即"一园一法")。英国国家公园在发展中也十分重视立法工作,但每个国家公园根据《环境法》等法律制定的涵盖保护、发展、分享等内容的管理规划更具有可操作性和权威性,可以概括为"规划控制型"。国家公园的各类规划在国家公园建设管理中具有权威地位,公园内任何开发利用活动都要按照规划设计稳步开展。

二、 对中国国家公园体制建设的启示

通过比较美国、英国国家公园建设与管理经验以及体制特点，我们可以看出，美国国家公园属于世界自然保护联盟保护地分类体系中典型的第Ⅱ类，即国家公园类型；而英国国家公园不属于严格意义上世界自然保护联盟的第Ⅱ类，更多地属于第Ⅴ类，即陆地/海洋景观保护区类型，但也并不影响英国对国家公园建设的热情和投入。中国国家公园体制建设首先要坚持立足国情的原则，同时借鉴国外的有益经验。

中国国家公园内土地虽然绝大部分属于全民所有、部分属于集体所有，但在20世纪80年代土地承包政策实施后，大部分的土地都由公园内的农牧民群众承包经营，而且承包时间不断延长，并成为我国的一项基本经济制度。面对这样一种特殊的土地制度，国家公园在土地管理政策上必须处理好土地在法律上全民或集体所有，与农户、个人实际上承包并"物权化"的复杂关系，在保持土地承包经营权稳定不变的前提下，通过"三权"分置或创设保护地役权等方式，实现国家公园的国家性和公益性。

另外，中国作为一个人口众多、历史悠久、区域差异大的发展中大国，东西部、南北方的不同地区在国家公园体制建设上不可能采取"一刀切"的政策，必须坚持实事求是、因地制宜的原则。西部有大面积的荒野，但社区贫困；东部生物多样性丰富，但人口稠密；北方国有土地多，但自然条件差；南方自然条件好，但集体土地比例大。[①] 在"胡焕庸线"（瑷珲—腾冲）西北侧的一些人口稀少、自然条件严酷的地区可以走荒野保护之路，而在这条线东南侧的广大地区都有或多或少的人口分布，必须有效解决好生态保护与社区发展这个关键问题，充分发挥社区在保护中的积极作用，把与自然相和谐的人类活动变成国家公园的一道亮丽的风景线。

① 唐芳林：《让社区成为国家公园的保护者和受益方》，《光明日报》2019年9月21日。

第三章　国家公园体制在我国的实践探索

自1956年第一个自然保护区建立以来,我国自然保护地类型已增加到21类。虽然以自然保护区为主体的自然保护地体系在自然遗产保存、生物多样性保护、生态环境质量改善和维护国家生态安全方面发挥了重要作用,但这种分部门管理的体制使生态系统的完整性、系统性被"碎片化"。为破解管理体制上存在的问题,在云南省等地探索的基础上,党的十八届三中全会提出建立国家公园体制的重大改革举措,并相继开展了10个国家公园体制试点建设。对祁连山、东北虎豹、香格里拉普达措、钱江源、武夷山五个国家公园体制试点情况的实地调研,无疑有助于更好地推进三江源国家公园体制试点建设。

第一节　我国自然保护地管理体制及存在的问题

一、新中国成立以来自然保护地的发展历程和主要类型

1949年10月,中华人民共和国成立。面对百废待兴的困顿局面,我们不仅在经济建设上以苏联为师,以建立计划经济体制为目标;而且在生态环境保护

上也学习和借鉴了苏联建设自然保护区的经验和模式。1956年,第一个自然保护区——广东鼎湖山自然保护区建立,拉开了我国自然保护区建设的序幕。但由于受种种原因限制,到1978年的22年间我国只建立了34处自然保护区,总面积近126.5万公顷,约占国土面积的0.13%。改革开放以来,自然保护区事业得到蓬勃发展。到2018年,我国自然保护区的总数量达到2750处,涵盖森林生态、草原草甸、荒漠生态、内陆湿地、海洋海岸、野生动物、野生植物、地质遗迹和古生物遗迹等各种类型,保护区总面积约为147.17万平方千米。其中,自然保护区陆地面积达到142.70万平方千米,占全国陆域国土面积的14.86%。①

在自然保护区数量以及覆盖面积"突飞猛进"的同时,各类自然保护地也如雨后春笋般产生和问世,自然保护地类型从1类增加到21类。主要自然保护地类型按照出现的时间次序依次为:风景名胜景区(1982年)、森林公园(1982年)、世界遗产(1987年)、地质公园(2001年)、水利风景区(2001年)、湿地公园(2005年)、城市湿地公园(2005年)、海洋特别保护区(2011年)、海洋公园(2011年)、沙漠公园(2014年)。其中,国家级自然保护区和国家风景名胜区由国务院批准设立。② 从以上自然保护地设立的时间节奏和间隔,可以看出相关部门在开展自然保护上的高涨热情。在法律地位上,这些自然保护地可分为四个级别(见表3-1)③。

表3-1　我国各类自然保护地法律地位分级

级别	法律地位	类　型
第一级	由法律明确规定,法律效力最高	自然保护区、海洋特别保护区、水产种质资源保护区、饮用水源保护区
第二级	没有法律规定,但有行政法规规定,法律效力中等	风景名胜区

① 《2018年中国环境状况公报》,生态环境部发布,2019年5月29日。

② 杨锐:《国家公园与自然保护地研究》,中国建筑工业出版社2016年版,前言。

③ 陈尚:《自然保护地管理告别"九龙治水"》,《光明日报》2019年5月20日。

续表

级别	法律地位	类　型
第三级	既没有法律也没有行政法规规定，只有国务院行政主管部门规章规定，法律效力较低	森林公园、湿地公园、地质公园
第四级	没有法律、行政法规和部门规章规定，只有国务院行政主管部门发布的规范性技术文件规定，法律效力最低	水利风景区、世界自然遗产、沙漠公园、草原风景区、草原公园、海洋公园、大气公园、冰川公园、农业公园、沙化土地封禁保护区、生境保护点、自然保护小区、城市湿地公园

另外，除自然保护地外，还分别建立了国家A级旅游景区（2005年）、国家考古遗址公园（2009年）、国家文化公园（2019年）等类似于保护区的类型。这些保护地分属于不同的政府部门管理，具有明显的部门和行业色彩。比如，由住房与城乡建设部管辖国家级风景名胜区、城市湿地公园，国家林业局、环境保护部等负责国家级自然保护区，国家林业局负责森林公园、湿地公园、沙漠公园和沙化土地封禁保护区，农业部门设立了水产种质资源保护区等，国土资源部管理地质公园、海洋公园，国家旅游局管理国家A级旅游景区，水利部负责水利风景区（见表3-2）。表中罗列的保护地类型主要以自然保护地为主，还包括几类人文和旅游色彩较重的保护地。

表3-2　我国主要保护地类型①

保护地名称	定　义	主管部门	条例或部门规章
自然保护区	对有代表性的自然生态系统、珍稀濒危野生动植物物种的天然集中分布区、有特殊意义的自然遗迹等保护对象所在的陆地、陆地水域或者海域，依法划出一定面积予以特殊保护和管理的区域	以环境保护部为综合管理部门，林业、农业、国土资源、水利、海洋、建设等部门分类管理	《中华人民共和国自然保护区条例》（2017年修订）、《森林和野生动物类型自然保护区管理办法》（1985年）等

① 表中的内容由《中华人民共和国自然保护区条例》《风景名胜区条例》《地质遗迹保护管理规定》《森林公园管理办法》《国家湿地公园管理办法》《海洋特别保护区管理办法》《国家沙漠公园试点建设管理办法》《水产种质资源保护区管理暂行办法》《水利风景区管理办法》《旅游景区质量等级评定管理办法》《国家考古遗址公园管理办法》等法律法规的相关条文汇总形成。

续表

保护地名称	定　义	主管部门	条例或部门规章
风景名胜区	具有观赏、文化或者科学价值，自然景观、人文景观比较集中，环境优美，可供人们游览或者进行科学、文化活动的区域	住房与城乡建设部城市建设司	《风景名胜区条例》(2006年)等
地质公园	以具有国家级特殊地质科学意义，较高的美学观赏价值的地质遗迹为主体，并融合其他自然景观与人文景观而构成的一种独特的自然区域	国土资源部地质环境司地质环境保护处	《地质遗迹保护管理规定》(1995年)
森林公园	森林景观优美，自然景观和人文景物集中，具有一定规模，可供人们游览、休息或者进行科学、文化、教育活动的场所	国家林业局国有林场和林木种苗工作总站	《森林公园管理办法》(2016年修订)、《国家级森林公园管理办法》(2011年)、《国家级森林公园设立、撤销、合并、改变经营范围或变更隶属关系审批管理办法》等
湿地公园	以具有显著或特殊生态、文化、美学和生物多样性价值的湿地景观为主体，具有一定规模和范围，以保护湿地生态系统完整性、维护湿地生态过程和生态服务功能并在此基础上以充分发挥湿地的多种功能效益、开展湿地合理利用为宗旨，可供公众游览、休闲或进行科学、文化和教育活动的特定湿地地域	国家林业局湿地保护管理中心	《国家湿地公园管理办法》(2017年)、《湿地保护管理规定》等
海洋公园	是进行海洋生态保护的一种极其重要的形式，是为保护海洋生态系统、自然文化景观，发挥其生态旅游功能，在特殊海洋生态景观、历史文化遗迹、独特地质地貌景观及其周边海域划定的区域	国家海洋局生态环境保护司	《海洋特别保护区管理办法》(2010年)等
沙漠公园	以荒漠景观为主体，以保护荒漠生态系统和生态功能为核心，合理利用自然与人文景观资源，开展生态保护及植被恢复、科研监测、宣传教育、生态旅游等活动的特定区域	国家林业局防治荒漠化管理中心	《国家沙漠公园试点建设管理办法》(2014年)等

续表

保护地名称	定　义	主管部门	条例或部门规章
水产种质资源保护区	为保护水产种质资源及其生存环境,在具有较高经济价值和遗传育种价值的水产种质资源的主要生长繁育区域,依法划定并予以特殊保护和管理的水域、滩涂及其毗邻的岛礁、陆域	农业部渔业局资源环保处	《水产种质资源保护区管理暂行办法》(2011 年)等
水利风景区	以水域(水体)或水利工程为依托,具有一定规模和质量的风景资源与环境条件,可以开展观光、娱乐、休闲、度假或科学、文化、教育活动的区域,在维护工程安全、涵养水源、保护生态、改善人居环境、拉动区域经济发展诸方面都有着极其重要的功能作用	水利部景区办	《水利风景区管理办法》(2004 年)等
国家 A 级旅游景区	具有参观游览、休闲度假、康乐健身等功能,具备相应旅游服务设施并提供相应旅游服务的独立管理区,景区质量等级从高到低依次划 AAAAA、AAAA、AAA、AA、A 五级	国家旅游局	《旅游景区质量等级评定管理办法》(2005 年)等
国家考古遗址公园	以重要考古遗址及其背景环境为主体,具有科研、教育、游憩等功能,在考古遗址保护和展示方面具有全国性示范意义的特定公共空间	国家文物局	《国家考古遗址公园管理办法(试行)》(2009 年)
国家文化公园	通过整合具有突出意义、重要影响、重大主题的文物和文化资源,实施公园化管理运营,实现保护传承利用、文化教育、公共服务、旅游观光、休闲娱乐、科学研究功能,形成具有特定开发空间的公共文化载体,集中打造中华文化重要标志,以进一步坚定文化自信,充分彰显中华优秀传统文化持久影响力、社会主义先进文化强大生命力	文化和旅游部	《长城、大运河、长征国家文化公园建设方案》(2019 年)

由于自然保护地的类型多、数量大,设立时间有先后,设立标准不统一,且交叉重叠严重,目前对全国自然保护地的总数众说纷纭,代表性的有两个说法。一是根据中国科学院科技战略咨询研究院王毅研究员在首届“国家公园

论坛”上提供的数据①，截至2017年年底，我国纳入统计的14个类型的自然保护地共有12620处（见表3-3），陆域自然保护地总面积约占陆域国土面积的20%。2018年，国家级自然保护区已增至474处。

表3-3　我国主要自然保护地的类型、数量和建立时间

类　型	总数量（处）	国家级（处）	第一批建立时间（年）
自然保护区	2750	463	1956
风景名胜区	962	225	1982
森林公园	3505	881	1982
地质公园	485	240	2001
水利风景区	2500	719	2001
湿地公园	979	705	2005
饮用水源地	618	618	2006
海洋公园	33	33	2011
水产种质资源保护区	523	523	2011
沙漠公园	55	55	2013
其他：包括农业野生植物原生境保护区、禽畜遗传资源保护区、城市湿地公园和国家旅游度假区等，共210处。 另外，2018年5月31日，国务院办公厅公布了5处新建国家级自然保护区名单，国家级自然保护区总数已达到474处。			

二是根据2019年1月全国林业和草原工作会议发布的数据②，截至2018年年底，我国各类自然保护地已达1.18万处，总面积180余万平方千米，覆盖国土面积的18%，覆盖主张海域面积的4.6%。其中包括国家公园体制试点10个；国家级自然保护区474处；国家级风景名胜区244处；世界自然遗产13项，世界自然和文化双遗产4项，数量均居世界首位，总面积达6.8万平方千米；世界地质公园37处；国家地质公园（含资格）270处；国家矿山公园（含资格）88处；海

① 2019年8月19日，在青海省西宁市举办的首届国家公园论坛上，中科院科技战略咨询研究院王毅研究员做了题为《中国自然保护地的过去、现在和未来》的主旨报告。相关数据由报告PPT整理。

② 《国家林草局：我国各类自然保护地已达1.18万处》，人民网，2019年1月11日。

洋特别保护区 111 处，总面积 7.15 万平方千米，其中国家级海洋特别保护区 71 处（含国家级海洋公园 48 处）。另外，还有国家湿地公园、国家沙漠公园、水利风景区、水产种质资源保护区和国家森林公园等类型，共有"14+2 类"自然保护地。

二、 我国传统自然保护地管理体制存在的问题

从五十余年的实践历程来看，虽然以自然保护区为主体的传统自然保护地管理体系，在自然遗产保存、生物多样性保护、生态环境质量改善和国家生态安全维护等方面发挥了重要作用，保留了我国自然资源的精华部分。但由于大多数自然保护区是在"抢救性保护"①的情况下建立的，单纯追求数量、不求质量，"一刀切"的管理方式没有得到及时纠正，管理上多头伸手、部门利益冲突升级，对保护区指导不力、投资不足、管理机构薄弱，而且与当地经济社会发展存在矛盾和冲突，因此到 20 世纪末，自然保护区建设基本处于缓慢发展甚至停顿状态，有些地方甚至出现了倒退。② 据环保部联合中科院开展的全国生态环境十年变化（2000—2010 年）调查评估显示：89.7%的国家级自然保护区生态环境状况有所改善或维持不变；11.3%有所退化，生态保护与经济发展矛盾突出，存在一些自然保护区被经济开发破坏的困境。另外，根据现有统计结果，仍有 10%—15%的重要生态系统和保护物种未被纳入保护地体系。③

近年来，针对我国传统自然保护地管理体制存在弊端的研究已比较深入，代表性的有以下几位研究者的观点。清华大学建筑学院杨锐教授作为国内国

---

① 国家林草局唐芳林研究员对"抢救性保护"有精辟分析，在其专著《国家公园理论与实践》中认为："抢救性保护往往缺乏系统的规划，自下而上申报的体制难免出现生态空缺，多头管理、部门分治和行政分割的弊端使得完整性和连通性受到影响，孤岛化现象突出，生态功能发挥受到影响，交叉重叠的管理又使有效性降低。目前，仅仅以大熊猫为主要保护对象的自然保护区就达 67 处，一山之间可能有多个自然保护地，一河之隔就是不同的管理单位，完整的自然生态系统被人为分割，碎片化现象突出，弊端显而易见，迫切需要改革。"中国林业出版社 2017 年版，第 5 页。

② 《自然保护区：数量挂帅六十年，该改革了——国家林业局自然保护区研究中心创始人细数"切肤之痛"》，《南方周末》2016 年 11 月 6 日。

③ 罗建武、全占军：《如何强化对自然保护区的保护和管理》，《光明日报》2019 年 1 月 12 日。

家公园问题研究的探路人，早在其2003年博士学位论文《建立完善中国国家公园和保护区体系的理论与实践研究》中，就用“认识不到位、立法不到位、体制不到位、技术不到位、资金不到位、能力不到位和环境不到位”等“七个不到位”对自然保护区体制存在的问题进行了系统总结。[①] 在国家林业和草原局昆明勘察设计院唐芳林等学者的研究中，我国传统自然保护地管理体制存在的主要问题被深入总结为七个方面：一是自然保护地空间布局不合理，出现保护地空缺；二是自然保护地“插花式”分布，完整性、连通性不足，碎片化、孤岛化现象显现；三是在管理上部门分割，交叉重复，影响生态服务功能整体发挥；四是自然资源产权制度有待改革，一些集体土地被划入自然保护区，管理协调难度大；五是经济发展与自然保护矛盾尖锐，地方积极性不足；六是保护地内居民贫困，社区关系不够协调；七是人才资源缺乏，经费投入不足。[②] 国务院发展研究中心的苏杨等学者用“没有保护好、没有服务好、没有经营好”三个方面精炼概括了保护地管理中存在的共性问题，并从地、人、钱和权四个方面分析了原因。[③] 中央财经领导小组办公室原主任、国家发展改革委原副主任朱之鑫在为“中国国家公园体制建设研究丛书”作序时深刻地指出，我国传统自然保护地主要按照资源要素类型设立，缺乏顶层设计，使得同一类保护地分属不同部门和同一个保护地被多个部门共同管理的“碎片化”现象严重；由于土地及相关资源产权不够清晰，中央和地方管理职责不够明确，导致保护管理效能低下和公益属性不彰，在保护区内违规采矿开矿、无序开发水电等屡禁不止，盲目建设和过度利用现象时有发生，严重威胁我国的生态安全。[④] 一些观察者更是

---

① 杨锐：《建立完善中国国家公园和保护区体系的理论与实践研究》，清华大学2003年博士学位论文。

② 唐芳林、王梦君：《建立国家公园体制目标分析》，《林业建设》2017年第3期。

③ 苏杨、何思源等：《中国国家公园体制建设研究》，社会科学文献出版社2018年版，第12—18页。

④ 朱之鑫：《踏上国家公园体制改革新征程》，中国国家公园体制建设研究丛书，总序，中国环境出版集团2018年版。

用生动的语言表述了他们对自然保护区多部门管理、多头管理、条块管理乱象的迷惑:土地是荒土时归国土资源局管;土上长了草,归农业局管;长了树就归林业局管。山里湖泊的水超过 6 米归水利管;低于 6 米则是湿地,又归林业局管。两栖动物青蛙,在河里的时候归水利局管,到了岸上就归林业局管了。① 生态系统的完整性、系统性在分部门管理的体制分割中被人为"碎片化"了。

传统自然保护地管理体制是在计划经济体制的大背景下逐步形成的。在计划经济体制下,全民所有或集体所有的自然资源的完整性事实上被纵横两个方向的行政权力肢解和分割。从横向上看,按照自然资源要素分部门开展的管理方式不可避免地会受到部门利益的深刻影响,有的部门强调自然资源的利用,而有的部门则强调自然资源的保护,最终可能会出现"国家立法部门化、部门立法利益化"的倾向,陷入"只见树木、不见森林"和"有利都争、有责互推"的尴尬境地;从纵向上看,中央和地方政府在生态环境保护与自然资源可持续利用方面存在不同诉求,中央政府基于全国长期可持续发展考量,必然会强调生态保护优先,而大部分地方政府则是从局部和短期经济利益出发,对自然资源有着强烈的开发冲动。这样一来,在自然保护地管理权上就形成了由 10 多个纵向化的"条条",与三级地方政府属地行政管理的"块块"共同构成的"条块分割"的局面,完整的自然保护地管理权就被划分为上百个"网格"或"鸽笼","碎片化"和"九龙治水"的状况就难以避免了。

另外,长期计划经济体制导致的短缺经济困境,使自然资源的经济功能被过分强调,而其发挥的生态功能被严重忽视了。以占国土面积 41.7%的草原为例,草原不仅是畜牧业生产的基础,而且在维护我国生态安全上发挥着十分重要的作用。但在 2018 年国务院机构改革前,管理全国 60 亿亩草原的机构是农业部畜牧司草原处,仅有 4 个编制。② 全国在省级层面仅有 10 个省份在

---

① 丁菲菲:《挂职博士眼中的基层公务员生态》,《中国青年报》2016 年 4 月 13 日。

② 王硕:《国家林业和草原局成立背后,原来还有这么多"政协故事"》,《人民政协报》2018 年 3 月 22 日。

农业部门内下设了草原处，县级以上草原执法监督机构共9000个，在编人员不到1万人，平均每人管理面积60多万亩的草原。这样的机构设置和人员配置，明显是只注重了草原的生产功能，而且很难深入开展草原监督管理工作。同时，将草原和草业置于大农业的框架下进行管理，有可能会出现用管理农业农村的方式去管理草原牧区的情况，在牧区实施的草畜双重承包到户政策就是一个例证。自然资源的经济属性和生态属性是相互依存的，如果过分开发其经济价值，生态功能必然会退化。

传统自然保护地管理体制存在的弊端已严重影响了我国自然保护事业的顺利发展，同时也使日益稀缺宝贵的自然遗产面临着更加严峻的挑战。我们必须本着为子孙后代留下绿水青山的坚定信仰和博大胸怀，以更大的决心和勇气冲破思想观念的束缚、突破利益固化的樊篱，在不断完善社会主义市场经济体制的框架下，综合运用政府、市场和社会三种力量，推动建立以国家公园为主体的自然保护地体系。

第二节　我国国家公园体制的探索历程

一、国家公园体制的地方实践

为了破解这种传统封闭且呈现“孤岛化”和“壁垒式”特点的自然保护地管理体系的弊端，实现经济社会发展与自然生态保护并重的目标，自1996年起，云南省就开始探索运用国家公园这种前所未有的方式破解保护与发展的难题。经过10年的实践，2006年8月，云南省以碧塔海省级自然保护为依托率先建立中国国家公园的第一个地方试点——普达措国家公园。两年后，国家林业局批准云南省为国家公园建设试点省，同意依托有条件的自然保护区开展国家公园试点工作；同年，环境保护部和国家旅游局联合宣布黑龙江汤旺河为国家公园试点。

云南省作为国家公园体制地方探索的先行者，在率先建立了普达措国家公园两年后的2008年8月，云南省委编办批准成立云南省国家公园管理办公室，并明确省林业厅为主管部门。在随后颁布的《云南省国家公园发展规划纲要（2009—2020年）》的指导下，2009—2010年，云南省政府先后批准了普达措、丽江老君山、西双版纳、梅里雪山和普洱5个国家公园的总体规划。随后，又陆续批准建立了高黎贡山、南滚河、大围山、白马雪山、怒江大峡谷、独龙江、大山包、楚雄哀牢山国家公园，使国家公园总数达到13个。坦率地说，云南省国家公园体制十多年来的先行实践不仅填补了我国保护地体系的空白、较好地协调了保护与发展的关系、创新了保护地的功能区划分方式、促进了科研活动的开展，而且对处理好生态保护与社区发展的关系进行了新的探索，并开创性地提出了国家公园要在确保生态保护的前提下，发挥好科研、教育、游憩和社区发展功能的鲜明观点。① 这些探索为2016年以后开展真正意义的国家公园体制试点建设积累了难得的经验。

总结以普达措为代表的早期国家公园体制试点的经验可以看出，虽然在探索一种被概括为“以较小面积的资源开发利用换取了大面积的生态保护”的方式上有新的突破②，但在实践中仍存在几个突出问题尚未破解：一是在管理理念上逐步偏离公益性原则，突出经济利益导向，国家公园在一定程度上异化为地方政府的“GDP 发动机”和企业获利的“摇钱树”③；二是管理体系混乱，自然保护区管理中“条块结构与职责同构相结合”的多头管理弊端在国家公园体制试点中并未得到有效解决，自然资源和生态系统的整体性被条块利益所肢解分割④；三是由于获得的财政拨款极其有限，迫使一些地区走上了以

① 唐芳林：《国家公园理论与实践》，中国林业出版社2017年版，第125—130页。

② 赵树丛：《积极推动国家公园建设——云南省国家公园建设试点情况调研报告》，《光明日报》2015年1月5日。

③ 杨锐：《建立完善中国国家公园和保护区体系的理论与实践研究》，清华大学2003年博士学位论文。

④ 李春晓、于海波：《国家公园——探索中国之路》，中国旅游出版社2015年版，第69页。

"国家公园"为幌子极力招揽旅游者、发展"门票经济"的歧途，扭曲了国家公园建设的初衷；四是政府既建管理机构又建旅游经营公司，使得在政企不分问题没有解决的同时，又出现了企事不分的新难题。

二、 建立以国家公园为主体的自然保护地体系

党的十八届三中全会以来，国家公园体制试点由地方试点上升为国家行为，由国家根据全国生态环境保护大局开展体制试点，10个国家公园体制试点方案相继制定并印发实施（见表3-4）。2017年9月从"顶层设计"角度推出《建立国家公园体制总体方案》，国家公园"国家所有、全民共享、世代传承"的建设目标日益清晰。在《建立国家公园体制总体方案》中明确提出了中国国家公园的定位①，即国家公园是我国自然保护地最重要的类型之一，属于全国主体功能区规划中的禁止开发区域，纳入全国生态保护红线区域管控范围，实行最严格的保护；国家公园的首要功能是加强对重要自然生态系统的原真性、完整性保护，同时兼具科研、教育、游憩等综合功能。与美国国家公园建立之初提出的"为人民的利益和快乐"理念相比，中国国家公园在建立之初就把保护生态系统的原真性和完整性放到了首位，而且要实行更加严格和科学的保护，充分体现了中国政府在应对全球气候变化、保护地球家园上的坚定决心与大国担当。

表3-4　我国国家公园体制试点区域概况

名　称	面积（平方千米）	体制模式	所在省份	保护重点
三江源	123100	中央事权 委托省管理	青海省	中国乃至全亚洲水生态、气候变化反应最敏感区域之一、生物多样性保护优先区
大熊猫	27134	中央事权 中央管理	四川省、甘肃省、陕西省	栖息地碎片化问题、隔离种群间的基因交流

① 中共中央办公厅、国务院办公厅印发《建立国家公园体制总体方案》，《人民日报》2017年9月27日。

续表

名　称	面积（平方千米）	体制模式	所在省份	保护重点
东北虎豹	14612	中央事权 中央管理	吉林省、黑龙江省	大型野生动物栖息地保护、跨省跨便捷合作
祁连山	50200	中央事权 中央管理	甘肃省、青海省	西部地区重要生态安全屏障、生物多样性保护优先区域、世界高寒种质资源库
热带雨林	4401	中央事权 省级管理	海南省	建设中国乃至全球热带雨林生态系统关键保护地，充分考虑海南长臂猿等重要物种保护和繁衍需要
神农架	1170	省级事权 委托林区政府管理	湖北省	亚热带森林生态系统、泥炭藓湿地生态系统、世界生物活化石聚集地、重点野生动植物保护
钱江源	252	省级事权 省级管理	浙江省	全球稀有的低海拔亚热带原生常绿阔叶林生态系统，中国特有野生动物黑麂等重点动植物保护。“浙江水塔”
南山	635.94	省级事权 委托地县管理	湖南省	古老植物区系、鸟类迁徙通道
武夷山	982.59	省级事权 省级管理	福建省	全球生物多样性保护关键区域、中亚热带原生森林生态系统
香格里拉普达措	602.1	省级事权 委托地县管理	云南省	保存完好的原生态系统，湖泊湿地、森林草甸、河流溪谷、珍稀动植物

在《建立国家公园体制总体方案》还给出了中国国家公园的明确定义①：国家公园是指由国家批准设立并主导管理，边界清晰，以保护具有国家代表性的大面积自然生态系统为主要目的，实现自然资源科学保护和合理利用的特定陆地或海洋区域。这一定义既与国际上关于国家公园的概念相吻合，又强调了中国国家公园保护优先的价值取向。在优化完善自然保护地

① 中共中央办公厅、国务院办公厅印发《建立国家公园体制总体方案》，《人民日报》2017年9月27日。

体系方面，《建立国家公园体制总体方案》提出要在对我国现行自然保护地保护管理效能进行评估的基础上，对以往按照资源类型和部门管理分别设置自然保护区、森林公园、湿地公园、风景名胜区、文化与自然遗产、地质公园、海洋公园等自然保护地体制进行大胆改革，重新研究制定科学的分类标准，构建以国家公园为代表的自然保护地体系并厘清各类自然保护地的关系。

三、自然保护地被明确划分为三种类型

2019 年 6 月，以习近平生态文明思想为指导制定的《关于建立以国家公园为主体的自然保护地体系的指导意见》由中共中央办公厅、国务院办公厅联合印发。在该指导意见中明确了中国自然保护地的概念："由各级政府依法划定或确认，对重要的自然生态系统、自然遗迹、自然景观及其所承载的自然资源、生态功能和文化价值实施长期保护的陆域或海域。"① 这一重要概念在重申自然保护地自然属性的同时，也对其承担的文化价值予以强调。由于被赋予了生态建设的"核心载体"、中华民族的"宝贵财富"、美丽中国的"重要象征"三重使命，自然保护地在维护国家生态安全中显然居于首要地位。另外，针对学界和政界关于自然保护地分类的争论和僵局，该指导意见强调在"按照自然生态系统原真性、整体性、系统性及其内在规律，依据管理目标与效能并借鉴国际经验"原则的基础上，删繁就简，"快刀斩乱麻"，将自然保护地按照生态价值的高低和保护强度的大小依次分为三种类型，即国家公园、自然保护区和自然公园，形成了具有中国特色的"两园一区"自然保护地的新分类体系（见表 3-5）。

---

① 《关于建立以国家公园为主体的自然保护地体系的指导意见》，人民出版社 2019 年版，第 5 页。

表 3-5　以国家公园为主体的自然保护地类型划分①

自然保护地类型	定　义	定　位
国家公园	以保护具有国家代表性的自然生态系统为主要目的，实现自然资源科学保护和合理利用的特定陆域或海域	我国自然生态系统中最重要、自然景观最独特、自然遗产最精华、生物多样性最富集的部分，保护范围大，生态过程完整，具有全球价值、国家象征，国民认同度高
自然保护区	保护典型的自然生态系统、珍稀濒危野生动植物种的天然集中分布区、有特殊意义的自然遗迹的区域	具有较大面积，确保主要保护对象安全，维持和恢复珍稀濒危野生动植物种群数量及赖以生存的栖息环境
自然公园	保护重要的自然生态系统、自然遗迹和自然景观，具有生态、观赏、文化和科学价值，可持续利用的区域	确保森林、海洋、湿地、水域、冰川、草原、生物等珍贵自然资源，以及所承载的景观、地质地貌和文化多样性得到有效保护。包括森林公园、地质公园、海洋公园、湿地公园等各类自然公园

第三节　对祁连山国家公园体制试点青海省片区的调研

一、　祁连山国家公园体制试点概况

2017 年 6 月，《祁连山国家公园体制试点方案》由中央全面深化改革领导小组第 36 次会议审议通过。根据该试点方案精神，2019 年 2 月国家林草局会同甘肃省、青海省编制了《祁连山国家公园总体规划》，确立以祁连山典型的山地森林、温带荒漠草原、高寒草甸和冰川雪山等复合生态系统和生态过程，以及雪豹为旗舰物种的珍稀濒危物种栖息地的原真性和完整性保护为核心目标。

苍茫雄伟的祁连山系位于青海省和甘肃省交汇处，是我国地势第一阶梯

① 《关于建立以国家公园为主体的自然保护地体系的指导意见》，人民出版社 2019 年版，第 6—7 页。

与第二阶梯的分界线，由一系列西北—东南走向的平行山脉和宽谷组成。这一庞大的山系东西绵延800千米，南北伸展200—400千米，平均海拔4000—5000米，孕育着大量的冰川和雪山。作为我国西部重要生态安全屏障，祁连山是黄河流域重要的水源产流区，是维系河西走廊生态安全的生命线，是我国极其重要的冰川和水源涵养生态功能区，被誉为“中国湿岛、高山水塔、固体水库”。《中国国家地理》2006年第3期曾撰文对祁连山有以下评价：“东部的祁连山，在来自太平洋季风的吹拂下，是伸进西北干旱区的一座湿岛。没有祁连山，内蒙古的沙漠就会和柴达木盆地的荒漠连成一片，沙漠也许会大大向兰州方向推进。正是有了祁连山，有了极高山上的冰川和山区降雨才发育了一条条河流，才养育了河西走廊，才有了丝绸之路。然而祁连山的意义还不仅于此。”① 由于祁连山在地理上有效阻挡了北部和西北部的巴丹吉林、腾格里、库木塔格三大沙漠以及西部的柴达木荒漠东侵和南下，一定意义上成为维护三江源生态安全的生态屏障。随着对祁连山生态功能认识的不断加深，青海省在全国生态格局中的地位也不断提升，即南有“中华水塔”三江源，北有“中国湿岛”祁连山。两个“国字号”生态品牌无疑会进一步加强对青海省生态环境保护的力度。

祁连山国家公园体制试点区地处青海省东北部与甘肃省西部交界处，总面积5.02万平方千米，分为甘肃省和青海省两个片区。其中：甘肃省片区和青海省片区面积分别为3.44万平方千米和1.58万平方千米，各占总面积的68.5%和31.5%。甘肃省片区涉及肃北蒙古族自治县、阿克塞哈萨克族自治县、肃南裕固族自治县、民乐县、中农发山丹马场、永昌县、天祝藏族自治县和凉州区等8县（区、场）的34个乡镇、199个村，共47366人。在这一片区内有甘肃省祁连山国家级自然保护区和盐池湾国家级自然保护区。青海省片区涉及“两州四县（市）”，即海西蒙古族藏族自治州德令哈市、天峻县和海北藏族

① 单之蔷：《幕后英雄祁连山》，《中国国家地理》2006年第3期。

自治州祁连县、门源回族自治县的12个乡镇48个村(牧委会)3.4万人。在这一片区内有各类自然保护地共计4类7处,包括青海省祁连山省级自然保护区、大通河特有鱼类国家级水产种质资源保护区、黑河特有鱼类国家级水产种质资源保护区、门源百里花海省级风景名胜区、祁连黑河大峡谷省级森林公园、仙米国家森林公园、祁连黑河源国家湿地公园。与青海省祁连山省级自然保护区8344平方千米的面积相比,祁连山国家公园青海省片区的范围扩大了一倍,有效实现了生态保护空间的连通性。根据青海省政府办公厅印发的《祁连山国家公园体制试点(青海片区)实施方案》,2018年11月依托祁连山省级自然保护区管理局成立祁连山国家公园管理局青海省管理局,在青海省林草局挂牌。目前,下设管理局办公室具体负责祁连山国家公园青海省片区的相关工作,涉及的海西、海北两州尚未组建管理机构,具体由两州林草部门负责协调落实试点工作,涉及的门源、祁连、天峻和德令哈四县(市)在机构改革中,已明确在自然资源局或林草局加挂国家公园管理分局牌子。

二、 试点面临的现实困难

为摸清中央赋予青海省和甘肃省又一项生态文明体制改革重大任务的进展情况,试点启动以后的2017年11月,我们在青海省林业厅的周密安排下深入到门源县珠固乡珠固寺村、硫磺沟管护站以及祁连县野牛沟乡达玉村、油葫芦管护站等地考察,并与门源县、祁连县相关部门进行座谈交流。随后又多次参加祁连山国家公园管理局青海省管理局组织召开相关会议和实地考察,对开展国家公园体制试点有了新认识。我们认为,祁连山国家公园试点区域具有“一山”“二望”“三多”“五难”的特殊性。所谓“一山”,即两省共一山;“二望”,即希望和观望,政府、企业和群众对祁连山国家公园未来充满愿景和希望,同时也处于不知道怎么干的等待观望状态;“三多”,即祁连山国家公园区域内涉及人口和矿点多、部门多、历史遗留问题多,情况十分复杂;“五难”,即认识不清理解难、政出多门统一难、矿企众多补偿难、后续产业发展难、民生工程落地难。

（一）认识不清理解难

目前，全国10个国家公园体制试点积极推进，地方政府、企业和当地群众若不能从国家战略规划的高度正确认识国家公园，将很难准确把握未来发展方向，确定正确发展目标，选择适合发展道路。面对祁连山国家公园体制试点的新思路、新方案、新形式、新内容，认识不清、理解不透成为调研地区广大干部群众面临的首要问题。一方面对国家公园认识还比较模糊。一些地方干部对国家公园的认识停留在自然保护区阶段，认为国家公园是自然保护区的升级版，生态保护将会更加严格，担心本地区的经济发展会受到制约，民生改善难以保障，地方权限会不断缩小，希望把效益好、前景好的项目和景点从国家公园中调出来。普通百姓对于国家公园这个新鲜事物的突然到来心理准备不足，国家公园究竟是什么样的“公园”还不是很清楚，一些群众认为国家公园就是“吃喝耍浪”的游乐园或是旅游度假的场所，更深更高的认识还没有形成。另一方面关于祁连山国家公园的许多具体政策还不明朗。比如，门源县珠固乡许多牧民对草原建设前期投入很多，担心自己的投入得不到补偿；担心在划入国家公园已被牧民承包出去的土地上不能挖虫草；担心划入国家公园的牧场不能放牧。我们在祁连县野牛沟乡调研时，藏族牧民对我们说：“以后的生活水平会不会下降，自己家里的草山、家庭牧场归到国家公园里好不好，心里也没个底儿！”裕固族牧民对我们说：“草原上开矿破坏生态环境不说，还影响牧民群众的生产生活哩！让他们开矿不让我们放牧，这对我们是不公平的。”一些地方政府及干部也由于一些相关政策尚未明确，许多工作不敢开展，缩手缩脚，难以作为。

（二）政出多门统一难

通过调研发现，门源县和祁连县部分地区划入祁连山国家公园的过程中，存在许多政出多门和政策打架问题。一是前后政策变化大。2014 年 9 月,青海省祁连山自然保护区管理局挂牌成立。2016 年 8 月,启动青海省祁连山省级自然保护区晋升国家级自然保护区前期准备和申报工作。2017 年 9 月,中共中央办公厅、国务院办公厅印发《祁连山国家公园体制试点方案》。五年来,祁连山保护主题不变,战略规划不断演进发展,实现了三级跳跃,保护越来越严,保护面积也越来越大。二是地方之间存在政策矛盾。由于历史和地理等方面的原因,青海省同甘肃省在边界划分上还存在一定纠纷,特别是在草场权属和使用问题上矛盾交织。三是部门之间存在政策矛盾。环保部、国家发展改革委共同编制的《生态保护红线划定指南》,同中共中央办公厅、国务院办公厅印发的《建立国家公园体制总体方案》在范围划定上存在空间交叉重叠问题。国家旅游局将海北州确定为全域旅游示范州,也与以上部门出台的政策存在矛盾。以门源县为例,县域面积的 35%被划入国家公园,60%被划入生态保护红线范围,100%是全域旅游示范区域,交叉重叠区域管理目标不明确,现实中让地方政府无所适从。另外,祁连山国家公园内森林、草原密布,同一地块既有林权证又有草原承包经营权证的"一地两证"现象广泛存在,林业、农牧、国土部门共同管辖,保护、建设、开发等多种属性并存,政策交叉重叠问题突出。

(三)矿企众多补偿难

祁连山被称为"中国的乌拉尔",境内蕴含着十分丰富的矿产资源,历史上形成了许多矿产资源开发活动。经初步调查,在祁连山国家公园规划范围内,按初步划定的生态保护红线考量将涉及多达 100 多宗的探矿权、采矿权,这些矿企将逐步退出。比如,地处八一冰川脚下的祁连县小沙龙铁矿虽已办完前期手续,但因地理位置极其重要,生态极其敏感脆弱,现已纳入国家公园范围,面临着补偿退出问题。祁连山国家公园的建立,将会制约这类产业发展,矿企全部退出或关停,将对地方财政收入和人员就业有一定影响。据初步估算，仅祁连山省级自然保护区内的矿权退出就需要15亿元资金，国家公园内矿权退出补偿资金更多，财政压力更大。另外，还有无主废弃矿坑治理、小水电站关停、生态移民安置等问题，后期补偿也将非常巨大，省财政部门难以解决补偿问题，需申请中央财政给予支持。在目前相关政策尚未明确和补偿资金尚未到位的情况下，如对企业提出的探矿权、采矿权申请和延续请求不予办理，可能引起新的问题。

（四）后续产业发展难

后续产业是祁连山国家公园生态移民实现"搬得出、稳得住、能致富"的重要支撑。按照总体规划要求，青海省片区核心保护区内的农牧民将进行有序的生态搬迁，这些农牧民群众的知识水平普遍偏低，缺乏基本的劳动技能，而且该区域经济总量小，支撑生态移民的后续产业先天不足，生态移民的压力很大。一方面，传统产业发展慢。祁连山地区产业发展以农牧业为主，畜牧业收入占比高，农畜产品较为原始初级，品种数量少，市场竞争力不强，来自工业和第三产业的收入少，缺乏替代产业，导致核心区农牧民生态搬迁的动力不足。另一方面，新兴产业培育难。祁连山地区设施农牧业、生态农牧业和特色农牧业发展缓慢，生态旅游业刚刚起步，缺少带动力强、吸纳就业岗位多的新兴产业和龙头企业，特色经济发育不足，名优品牌尚未形成，未来生态移民的就业问题将面临很大挑战。

（五）民生工程落地难

调研中，地方政府反映许多涉及国家公园范围内的水电路、教育卫生以及危房改造等民生改善工程难以落地，影响到的乡村和人口数量较多。例如，门源县珠固寺村从省交通厅争取的两个桥梁建设项目不能开工；地处祁连县城八宝镇附近的夹木村到目前仍然没有通路通电；祁连县仍有10个偏远村不通电。从客观上看，祁连山国家公园试点工作的协调推进机制还不完善，导致一些民生项目裹足不前。从主观上看,由于祁连山国家公园区域内基础设施和一些民生工程的政策还不清晰不明朗,一些干部还在观望等待,不敢贸然推进,导致一些民生工程建设停滞不前。同时,民生工程建设的指标分解向下传导的压力不够,一些基层干部不愿意接受,对工作有抵触情绪,以国家公园建设之名掩盖懒政不作为之实。

三、 对推动试点建设的几点思考

全面推进祁连山国家公园体制试点建设,既要坚持长远目标和正确方向,又要立足青海省情实际和阶段性特征,做好从自然保护区转换为国家公园过程中与国家林草局等部委的沟通汇报,以及与甘肃省的衔接协调,争取获得支持配合。同时,要遵循国际惯例,体现祁连山特色,借鉴国内外经验,特别要重点学习借鉴国内国家公园体制试点区成功的经验与做法,克服其问题和不足,在形成顺畅的试点工作协调推进机制过程中少走弯路,让保护好绿水青山也能得到和金山银山一样的政绩,确保率先在生态文明建设试点示范方面走在全国前列,创造出可供借鉴的好做法、好经验。①

第一,澄清认识,广泛开展宣传教育引导工作。国家公园是按照自然有序、人伦有序、相互包容的法则建设的保护地,以推动人与自然和谐共生。因此,需要加强对祁连山国家公园的包容精神与和合之道进行广泛宣传,加大对当地干部群众的教育引导。一是深化认识。进一步明确国家公园概念、原则和实现国家所有、全民共享、世代传承的主要目标。厘清国家公园不是自然保护区的升级版,与一般的自然保护地相比,国家公园的自然生态系统和自然遗产更具有国家代表性和典型性,生态系统更完整,保护更严格,管理层级更高,需要把祁连山国家公园提高到生态文明建设特区的高度来认识。二是创新宣

① 张壮、马洪波:《破解祁连山国家公园体制试点区现实难题》,《中国社会科学报》2019 年 3 月 18 日。原载《全面启动祁连山国家公园体制试点的难点与对策》,青海省委党校《研究报告》2018 年第 1 期。

传手段。在对外宣传方面，祁连山国家公园网站及时发布更新相关信息；适时召开试点工作新闻发布会；协调中央驻青和省内新闻媒体及时做好深度宣传报道。在对内宣传方面，制作宣传片、印刷汉藏双语宣传册，进村入户开展多层面、多渠道的宣传工作，借助微信、微博等新媒体平台拓宽渠道，确保祁连山国家公园体制试点工作家喻户晓。三是加强人员培训。分批分次举办国家公园体制试点培训班，全面提升省、州、县、乡管理人员和管护员的政策业务能力。加强对祁连山国家公园内原住居民的教育引导，促进原住居民朴素的生态环保文化和国家公园建设的深度融合。通过全方位、广角度的宣传教育，逐步形成政府、企业、社会组织和公众共同参与国家公园保护管理的长效机制。

第二，理顺关系，构建统一规范高效的管理机构。重点理顺与中央、甘肃省和其他部门的关系，处理好管理者与经营者、国家公园与原住居民、管理机构与旅游者之间的关系，推进“多规合一”，构建统一规范高效的祁连山国家公园管理机构。一是组建祁连山国家公园青海省管理局。结合青海省祁连山地区地理位置特殊、自然资源独特和多民族、多文化的人文景观、集体土地占比较高的实际，建议采用青海省统一管理、国家负责设定标准和开展监督考核的托管模式。由中央政府委托青海省政府管理，实行垂直统一管理，由省林草局代管，设立祁连山国家公园青海省管理局，实行乡级综合执法改革，以国家公园为主体，整合国土、环保、水利、林业、草原等各部门，成立自然资源综合执法局，挂生态警察大队牌子，编制划为政法编制。二是实现“多规合一”。秉持山水林田湖草是一个生命共同体的理念，把国家公园和其他类型自然保护区的空间规划整合到经济社会发展规划、土地利用规划、生态文明制度建设规划、自然生态保护规划之中。三是各级政府主体责任与国家公园职责相结合。祁连山地区百姓的素质较高，交通较为便利，具有特殊性，应充分考虑地方政府和当地民众利益，因地制宜构建由青海省统一负责管理，多方共同参与的体制机制，充分调动所涉及的国家部门、地方政府和当地群众的积极性，使祁连山国家公园得到更好适应性治理。

第三，明确政策，分类分期有序退出矿企项目。在摸准情况、吃透政策的基础上，加强与国家部委衔接，争取国家加大对祁连山国家公园体制试点的支持力度，力争更多的政策、资金落地实施，确保涉及的矿企项目分类分期有序退出。一是进一步做好调查摸底。全面查清祁连山国家公园区域内工矿企业项目底数，分门别类登记造册、建档立卡、建立台账，做好基础材料、影像资料留存，科学制定各类预案。二是抓紧清理违法违规项目。妥善解决历史遗留问题，遏制问题增量，消除问题存量。三是制订分类差别补偿退出方案。按照"共性问题统一尺度、个性问题一事一策"的思路，分类实施，有序退出，对历史遗留问题制订方案，分步推动解决。四是建立政府、企业、社会多元化投入的资金保障机制。祁连山国家公园试点区域内工矿企业项目退出需要大量资金，远超青海省财政承受能力，因此需要明确扩大资金来源和渠道，积极争取中央投资的同时，引进以"祁连山"为品牌的项目资金支持，并出台相关的优惠政策，保障涉及的工矿企业项目分类分期有序退出。

第四，培育品牌，加快扶持发展接续替代产业。鼓励祁连山地区依托国家公园"品牌"，适度从事牧民生活体验、游憩服务和农牧有机产品开发等经营活动。除通过生态补偿和结合精准扶贫设置生态管护、特许经营等岗位实现就地安置外，应重点规划生态友好型项目，扶持发展接续替代产业，这是提高移民转产就业率，改善移民生活，维护社会安定，缩短移民过渡期，实现生态生产生活良性循环的重要保障。一是发展传统手工艺品产业。在生态移民接续替代产业的选择上，优先打造文化底蕴深厚、就业需求量大、具有先天禀赋的传统手工艺品制作产业，如藏绣、藏毯、石雕等。二是发展高原生态医药产业。统一打造"祁连山"高原生态医药品牌，依托祁连山地区特有的野生药材，多点建设集种植、观光、科普、品尝、加工为一体的医药百草观赏景区，加快有序采集、人工种植、加工制药等产业链建设，实现从资源—产品—商品的升级，延长产业链条，增加附加值，形成闭环产业链条，创造更多就业岗位，增加移民收入，提高移民生活水平。三是发展生态旅游产业。充分挖掘祁连山地区旅游资源一流、景观独特的比较优势，重点发展生态旅游产业，依托机场、高铁的交通优势，拓展生态旅游向高端延伸，扩大就业岗位，吸纳生态移民。

第五，因地制宜，统筹协调重点民生工程建设。民生工程是政府为民办实事、办好事的“民心工程”和“德政工程”，百姓最关心、群众最期盼。在祁连山国家公园体制试点中，处理好民生工程建设与国家公园建设的关系直接影响祁连山国家公园体制试点的成败。一是因地制宜，科学规划。为确保祁连山国家公园合理布局，从建立之初就应高起点规划，因地制宜，科学合理分区，明确涉及民生项目的管理办法。二是科学分区，规范运行。依据不同区域主导生态系统的服务功能及保护目标，按照从核心保护区到一般控制区保护程度逐渐降低、利用程度及公众可进入性逐渐增强的原则，列出禁止清单，不搞“一刀切”的规定，统筹协调重点民生工程建设。对于核心保护区的水电路房和通信等基础设施项目进行全面深入排查，逐一复核评估，提出处理意见，对违法违规项目予以清理整治，逐步推进核心保护区原住居民的移民搬迁。对位于一般控制区的水电路房等涉及民生的重要基础设施，按照规范管理、规范运行的要求，通过正常程序，继续进行建设。

四、“村两委+”工作模式：祁连山国家公园生态保护的有益尝试

与三江源国家公园体制试点相比，虽然祁连山国家公园青海省片区体制试点开展时间较晚，但试点工作已取得了阶段性成果，特别是开创的“村两委+”工作模式成为一大亮点。① 所谓“村两委+”工作模式是以发挥好村委会、村支部的组织功能为依托，结合国家公园体制试点工作安排，挖掘村民自治组织和党团组织在生态保护、社区发展、宣传动员、党建引领等方面的工作潜力，已成为把祁连山国家公园建设为生态保护、生态文化和生态科研“三个

---

① 叶文娟：《祁连山国家公园青海片区以“村两委+”机制调动全民参与保护》，《青海日报》2019年8月28日。

高地”的重要支撑。

祁连山国家公园地处“丝绸之路”经济带要冲，自古以来中西文化交流频繁，村民的自组织程度和文化素质较高，有利于开展以“村两委”为基础的生态保护行动。自祁连山国家公园青海省管理局成立以来，将国家公园保护管理工作与社区发展充分结合，管理部门与所涉及的村委会、村支部签订“村两委+”模式共管协议书，通过协议书约束双方的权责利，有效地调动了村民的主动性和积极性，激发了村民的责任感和荣誉感，目前已形成了“村两委+党建、村两委+宣传、村两委+自然教育、村两委+保护”四个模式。由于社区农牧民群众的广泛参与，通过红外相机拍摄到祁连山境内雪豹、藏野驴、野牦牛等珍稀野生动物的活动影像不断进入公众视野，不断强化了全体国民保护生态的意识。

第四节　对其他地区国家公园体制试点区的调研

一、东北虎豹国家公园体制试点

（一）基本情况

《东北虎豹国家公园体制试点方案》由中共中央办公厅、国务院办公厅于2017年1月印发。该国家公园位于吉林省、黑龙江省交界的老爷岭南部（珲春—汪清—东宁—绥阳）区域，东起吉林省珲春林业局青龙台林场，与俄罗斯滨海边疆区接壤，西至吉林省汪清县林业局南沟林场，南自吉林省珲春林业局敬信林场，北到黑龙江省东京城林业局奋斗林场。在总面积14612平方千米的试点区域中，吉林省和黑龙江省片区面积分别为10380平方千米、4232平方千米，各占总面积的71%和29%；国有土地面积13378平方千米，占总面积的91.6%，集体土地面积1234平方千米，占总面积的8.4%。在森林覆盖率高达89.42%的试点区域内，监测有野生东北虎27只以上、东北豹42只以上。

东北虎豹国家公园行政区划涉及吉林省延边朝鲜族自治州珲春、汪清、图们和黑龙江省牡丹江市东宁、穆棱、安宁6个县(市)、17个乡镇、105个行政村,人口93000余人。其中包括7个森工林业局的65个国有林场、地方的12个国有林场以及3个国有农场。2017年8月19日,依托国家林业局长春专员办,东北虎豹国家公园管理局挂牌成立,确定了以东北虎豹保护为核心的生态功能定位,以建设野生东北虎豹稳定栖息地、生态文明建设综合功能区域和野生动物跨区域合作保护典范为奋斗目标。2017年8月,课题组前往吉林省延边朝鲜族自治州珲春市,对东北虎豹国家公园体制试点吉林省片区的部分区域进行了实地调研。

(二)试点进展情况

吉林省片区全部位于延边州区域内,涉及汪清县620376公顷、图们市10457公顷、珲春市417875公顷(占珲春市行政区面积的81.2%),包括珲春东北虎国家级自然保护区、汪清国家级自然保护区、汪清上屯湿地省级自然保护区、天桥岭省级自然保护区、珲春松茸省级自然保护区、汪清兰家大峡谷国家森林公园、天桥岭嘎呀河国家湿地公园及相关国有林场。

在珲春市区划内,国有林划入面积308953公顷,集体林划入面积55888公顷,珲春市行政区内汪清林业局国有林划入面积53034公顷。从珲春市划入国家公园试点区域的情况看,主要呈现以下四个特点:一是涉及人口较多。区域内有8个乡镇、1个街道,54个村、7275户、17891人,其中贫困人口764户、1315人,贫困人口中丧失或无劳动力996人。二是涉及矿权较多。区域内有采矿权的各类矿产19处(过期4处),产值千万元以上的6处,其中紫金矿业北山矿89131万元、板石煤业27668万元;有探矿权的矿产35处(过期15处)。三是涉及单位较多。区域内有商店、餐饮、养殖场等各类个体工商户及企业695个,其中由乡镇、街道举办的工业企业35家。另外,还有乡镇机关事业单位(站办所)51个。四是涉及项目较多。区域内有重点项目172个,总投资996.8亿元。按项目进度划分，规划阶段项目63个、审批阶段项目58个、建设阶段项目51个；按投资额划分，亿元以上项目37个、3000万元以上项目36个、3000万元以下项目99个；按项目类型划分，互联互通项目7个、基础设施项目105个、产业项目60个。

自试点工作开展以来，珲春市已冻结所有涉及试点区域自然资源审批事项；严格管控试点区内人口迁入、居民分户、住房新建和改扩建等事项；严格项目管控，确保只出不入，经营活动到期的停止发包，拟开工的立刻叫停，在建项目结合实际情况落实相应管控措施。同时，在全市范围内持续开展清山清套、收缴猎具、打击乱捕滥猎专项行动，切实保障东北虎豹安全。我们在调研中发现，一方面试点区域内重点项目建设已处于进退两难境地，172个重点项目多数已列入国家、省、州"十三五"规划，试点工作必将影响这些项目前期手续办理和后续施工，对紫金矿业、大唐发电厂、珲矿集团等大型能源矿产类企业的影响也较大；另一方面在相关政策尚未明确和补偿机制、资金尚未到位情况下，探矿权和采矿权退出可能引起行政诉讼和信访。

针对在试点中出现的保护与发展的突出矛盾，珲春市委、市政府不断提高政治站位，自觉担当主体责任，成立了由党政一把手任组长的工作领导小组，不断强化"绿水青山就是金山银山"的新理念，以新举措谋求新的发展。珲春市林业局立足地区实际，运用多项务实举措发挥好东北虎豹国家公园的核心功能，健全与地方政府联动保护机制。同时，加强与新成立的东北虎豹国家公园国有资产管理局、东北虎豹国家公园管理局的汇报沟通，打造生态保护与管理的"特区"，力争早日重现"虎啸山林"的盛景，努力成为未来10年或20年内最成功的虎豹保护案例。

二、香格里拉普达措国家公园体制试点

（一）基本情况

国家发展改革委于2016年10月复函批准了《香格里拉普达措国家公园

体制试点区试点实施方案》。该试点区具有四个特点：一是生物多样性丰富。地处喜马拉雅山地、印缅地区和中国西南山地三个全球生物多样性热点区的交汇处，具有全国乃至全球意义的生物多样性。二是地理环境独特。位于从华中华南湿润亚热带地区向青藏高原地区衔接、过渡地带，地质地貌具有特殊的研究价值。三是生态屏障功能突出。这里是金沙江两大一级支流的发源地，区内的所有河流湖泊均属于金沙江水系，对金沙江及长江中下游地区的生态安全具有重要屏障作用。四是民族文化底蕴深厚。这里是藏族、彝族等多民族融合区，各民族历史文化遗迹保护完整，是生态文化价值独特的区域。试点区范围涉及 5 种自然保护地类型，分别是 1 个国家级风景名胜区、1 个省级自然保护区、2 个公益性林场、1 个世界自然遗产地（三江并流）和 1 个国际重要湿地（碧塔海湿地）。

在行政区划上，试点区位于云南省西北部的迪庆藏族自治州香格里拉市境内，总面积仅为 602. 1 平方千米，涉及建塘镇、洛吉乡和格咱乡三个乡镇的 5 个村委会中的 43 个自然村，共 6600 余人。实施方案提出，通过体制试点，力争实现明晰自然资源产权，理顺管理体制，协调社区发展，综合发挥保护、科研、教育、游憩和社区发展五大功能的目标。在实施方案下发前的 2016 年 8 月，课题组前往香格里拉普达措国家公园进行了实地调研。

（二）试点进展情况

该区域集丰富的生物、景观和文化三个多样性为一体，自然风光旖旎多姿、人文风情绚丽多彩，独特性、珍稀性、不可替代性和不可模仿性显著，具有很高的生态保护价值和旅游开发价值。旅游活动起步于 20 世纪 90 年代初，主要以其中的碧塔海省级自然保护区开发的徒步旅游为主，每年只有几万人的旅游人数和几十万元的旅游收入。1998 年，国家发布长江上游天然林禁伐令后，迪庆州委、州政府开始实施旅游发展战略。2001 年 12 月 17 日，国务院批准将迪庆州州府所在地中甸县更名为香格里拉县，由此香格里拉旅游热迅速升温。伴随着越来越多的国内外游客蜂拥而至,碧塔海保护区的旅游得到了较快的发展,不仅修建了进入景区的旅游防火通道、马道、木栈道、停车场等旅游基础设施,还开发了以徒步、骑马等方式进入景区的环湖徒步旅游,以及乘坐游船的湖面观光旅游,各种在私搭乱建的简易木屋中出售旅游商品的现象也随处可见。在短短的几年内,每年旅游人数和旅游收入飙升为十几万人、几百万元,但由于基础设施建设、旅游经营管理不规范,环境污染问题也日趋加重。①

2006 年,在美国大自然保护协会(The Nature Conservancy,TNC)等国际组织和国内外学术界的影响下,云南省政府和迪庆藏族自治州政府率先引进美国的"国家公园"理念,确定以碧塔海省级自然保护区为依托建立普达措国家公园,一方面,以新思路编制旅游总体规划,全面开展环境治理工作,拆除违规建筑;另一方面,高标准建设门禁系统、道路、人行栈道、环保厕所、环保餐厅等旅游基础设施。这一理念引进使普达措的旅游人次和收入实现"井喷式"增长,年接待游客数量从 2006 年的 47 万人次增加到 2016 年的 137 万人次,增长了 191.49%;旅游收入则从 2006 年的 4270 万元增长到 2010 年的 1.25 亿元,到 2016 年更是达到了 3.17 亿元的高位,增长了 642.21%。特别是在 2016 年旅游收入中,门票总收入达到 2.8 亿元,占总收入的 88%以上。② 普达措国家公园已成为典型的"门票依赖型"景区,在一定意义上说也成为迪庆州乃至云南省的一棵"摇钱树"。

从现行管理体制看,早于 2005 年成立的普达措国家公园管理局,是迪庆州政府设立的正处级参公管理事业单位,并接受云南省国家公园管理办公室的业务指导和监督,至今核定编制仅为 15 人,其中副处级以上干部 4 人;而普

① 李康:《香格里拉普达措国家公园共建共管共享探索与实践》,《林业建设》2018 年第 9 期。

② 张海霞:《中国国家公园特许经营机制研究》,中国环境出版集团 2018 年版,第 60—61 页。

达措国家公园的投融资及建设主管单位——迪庆州旅游发展集团有限公司拥有分公司 1 家、全资子公司 6 家、控股公司 4 家，现有员工多达 269 人，其中高层管理者 5 人。可见，与庞大的迪庆州旅游发展集团有限公司相比，代表国家行使自然资源所有权和管理权的普达措国家公园管理局显然处于“弱势”地位，这一状况显然与国家公园建设的全民公益性理念相悖。为了使普达措国家公园名副其实，实施方案特别规定，试点区的建设和运行成本每年共计为 17780 万元，而且试点期间资金支持主要通过现有渠道完成。另外，受传统旅游业发展既得利益“尾大不掉”的严重制约，自国家公园体制试点开展以来，香格里拉普达措国家公园运行还处于“三大困境”之中，即项目、收入与合同质量监管乏力的管理困境，门票依赖、项目单一、负担沉重的经营困境，长期纠结“反哺”谈判、缺乏内涵式发展意识的社区困局。① 只有通过进一步理顺管理权与经营权的关系，协调好生态保护与社区发展的关系，普达措国家公园体制试点才能真正成功。

三、　钱江源国家公园体制试点

（一）基本情况

2015 年 1 月，国家发展改革委等 13 个部委联合发文确定在浙江省开化县开展国家公园体制试点。2016 年 6 月，《钱江源国家公园体制试点区试点实施方案》获国家发展改革委批复。与其他国家公园体制试点相比，开展钱江源国家公园体制试点的难度相对较低。一是因为涉及的自然保护地类型少，仅有古田山国家级自然保护区、钱江源国家森林公园、钱江源省级风景名胜区三种类型，以及连接上述自然保护地之间的生态区域（大部分为生态公益林）。二是涉及的区域范围小，试点区只有面积 252 平方千米，且全部位于

① 张海霞：《中国国家公园特许经营机制研究》，中国环境出版集团 2018 年版，第 65—68 页。

开化县境内，涉及苏庄、长虹、何田、齐溪4个乡镇，21个行政村、72个自然村，共9744人。但由于这里拥有全国三分之一人口3小时可达到的优越区位，开展环境教育的潜力巨大，且"提升浙江开化钱江源国家公园建设水平"也被列入《长江三角洲区域一体化发展规划纲要》之中，在经济基础雄厚的情况下开展国家公园体制试点的前景广阔。

2017年3月，浙江省编办批复设立钱江源国家公园党工委、管委会，与开化县委、县政府实行"两块牌子、一套班子"的"政区合一"管理模式；2017年10月，《钱江源国家公园体制试点区总体规划》经浙江省政府同意正式发布实施；2019年7月，整合钱江源国家公园党工委、管委会，新设立钱江源国家公园管理局，实行在省政府垂直领导下与开化县委、县政府协调管理的体制。在钱江源开展国家公园体制试点，对于探索我国东部地区生态文明建设方式、实现江河流域地区联动发展、保障浙江省乃至东部地区的生态安全具有示范意义。2019年8月，课题组前往钱江源国家公园体制试点区开展实地调研。

（二）试点进展情况

地处浙、赣、皖三省交界处的钱江源国家公园体制试点，不仅是经济发达的长江三角洲区域唯一的也是全国面积最小的国家公园体制试点。钱江源国家公园虽处于原生自然资源环境被改变最多、最深的华东地区，但仍保留着大面积低海拔原生亚热带常绿阔叶林。这里还是有"中国南方大熊猫"之称黑麂的全球主要分布中心，黑麂数量约占全球总数的10%。针对园区内集体林占比较高的实际，钱江源国家公园探索开展保护地役权改革，为我国南方地区实现重要自然资源统一管理提供了经验。同时，根据地处三省交界的实际，通过开展自下而上的跨区域合作保护，为破解自然保护地多头化、破碎化管理难题提供了可借鉴的经验。

在调研中，我们发现了体制试点中的几个亮点：一是管理机构与地方政府交融互通。钱江源国家公园管理局由浙江省政府垂直管理，既属于省林业局代管的正处级行政机构，又属于省一级财政预算单位，在体制试点中拥有主导性职责。同时，管理局所在开化县最大限度地保留了原“政区合一”体制的优势，有利于发挥县、乡两级政府的主观能动性和工作积极性。二是集体林地保护地役权改革深入推进。面对园区内集体林占比达 80. 7%的现实，2018 年 3 月，《钱江源国家公园集体林地地役权改革实施方案》发布，集体林地地役权改革全面启动。在不改变土地权属的基础上，通过签订地役权合同的方式，将国家公园范围内 27. 5 万亩林地全部按照每亩 48. 2 元的生态补偿标准转化为保护地役权，有效破解了南方地区集体林占比高的共性问题，实现了集体林统一管理。① 三是跨区域合作成效明显。与毗邻的江西省、安徽省所辖三镇七村，以及安徽省休宁岭南省级自然保护区签订合作保护协议，实现省际毗邻镇村合作保护模式全覆盖。开化县长虹乡霞川村还与婺源县江湾镇东头村创新设立了“钱江源国家公园跨省联合保护站”，实现更加紧密的合作保护。合作保护总覆盖面积除国家公园试点区 252 平方千米外，还包括开化县合作保护面积 166 平方千米，安徽省、江西省合作保护面积 155 平方千米，合计达到 573 平方千米。浙江省开化县、安徽省休宁县及江西省德兴县、婺源县三省四县的政法系统共同签署《开化宣言》，建立了护航国家公园生态安全五大机制。② 四是与社区共建共管共享务实高效。在钱江源国家公园体制试点三年行动计划的 57 项具体工作中，与社区发展直接相关的有 9 项。包括每年安排 2000 万元资金专项用于村庄环境改造提升，招聘 95 名原住居民担任专兼职巡护员，在园区内的 7 所小学开设《钱江源国家公园》校本课程等。

我们在调研中还了解到，位于钱塘江上游的开化县、常山县率先开展了流域横向生态保护补偿探索实践，并签署了补偿协议。根据这一协议，开化县、常山县共同设立钱塘江流域上下游横向生态补偿资金，2018—2020 年，开化县、常山县财政每年各出资 800 万元形成一个资金盘；然后按照 2015—2017

① 《走进钱江源　探秘绿水青山》，《浙江林业》2019 年第 9 期。

② 《开化聚力打造钱江源国家公园》，《浙江林业》2019 年第 7 期。

年三年间两地钱塘江交接断面地表水环境自动监测站的监测结果测算补偿指数,若监测结果达标,下游常山县在800万元以内根据指标情况分段拨付生态补偿资金给上游开化县;若不达标或上游开化县出现重大水污染事故,上游开化县在800万元以内根据指标情况分段拨付生态补偿资金给下游常山县。① 这是浙江省继在新安江流域开展上下游横向生态保护补偿后又一次流域补偿的有益尝试,为建立国家公园市场化、多元化生态保护补偿机制开辟了新路。

四、 武夷山国家公园体制试点

(一)基本情况

与钱江源国家公园体制试点方案一样,《武夷山国家公园体制试点区试点实施方案》也于2016年6月由国家发展改革委批复下达,从此拉开了武夷山国家公园体制试点工作的大幕。试点区位于福建省北部,周边分别与武夷山市西北部、建阳区和邵武市北部、光泽县东南部、江西省铅山县南部接壤。试点区涉及的自然保护地主要有武夷山国家级自然保护区、武夷山国家级风景名胜区和九曲溪上游保护地带等,总面积982.59平方千米。其中武夷山国家级自然保护区565.27平方千米,武夷山国家级风景名胜区64平方千米,九曲河上游保护地带353.32平方千米。

1999年12月2日,武夷山被联合国教科文组织世界遗产委员会列入世界文化与自然遗产地。武夷山"脱颖而出"的主要原因:一是这里拥有210.7平方千米未受人为破坏的原生性森林植被,是世界同纬度最完整、最典型、面积最大的中亚热带森林生态系统。二是这里拥有"碧水丹山"特色的典型丹霞地貌景观和新石器时期古越族人留下的历史文化遗产。三是这里是世界红茶和乌龙茶的发源地。2019年8月,课题组前往武夷山国家公园体制试点区

① 《开化常山签订生态保护补偿协议》,《浙江日报》2018年2月12日。

开展实地调研。

（二）试点进展情况

武夷山国家公园体制试点区的情况较为复杂，主要体现在：一是社区人口密集。试点区跨武夷山市、建阳区、邵武市、光泽县4个县（市、区），涉及9个乡镇、25个行政村、3.8万人（其中区内居住人口2.03万人），人口主要集中在九曲溪上游保护地带。二是保护类型多样。试点区不仅是世界文化与自然遗产地，还是世界生物圈保护区，区内包含了自然保护区、风景名胜区、国家森林公园、九曲溪光倒刺鲃国家级水产种质资源保护区等不同类型保护地。三是国有权属偏低。经确权登记，区内国有土地276.59平方千米，占试点区总面积的29.36%；集体土地665.43平方千米，占试点区总面积的70.64%。四是保护与发展矛盾突出。试点区是中国乌龙茶和红茶的发源地，种茶历史悠久，茶山分布广，茶园面积大。茶叶收入是社区居民的主要经济来源，扩大茶叶种植与保护生态环境产生了尖锐矛盾。

体制试点开展以来，主要进行了以下工作：第一，整合组建管理机构。整合武夷山国家级自然保护区管理局、武夷山风景名胜区管委会有关自然资源管理、生态保护等方面职责，组建正处级行政机构——武夷山国家公园管理局，由福建省政府垂直管理，在过渡期内依托省林业局开展工作。第二，配合制定地方法规。《武夷山国家公园条例（试行）》于2018年3月1日起施行，用法律形式确立了武夷山国家公园功能定位、保护目标、管理原则，并对国家公园管理体制、规划建设、资源保护、利用管理、社会参与等作出具体规定，实现立法和改革决策相衔接，确保国家公园体制改革于法有据。第三，强化预算资金管理。将武夷山国家公园管理局作为省本级的一级预算单位管理，从2017年起根据省编办核定的单位性质和编制人数，核定相应人员经费和公用经费，基本支出和专项支出列入省政府部门预算管理。并根据管理权与经营权相分离原则，将景区运营权和经营权归属武夷山市。第四，健全完善管理制度。科学制定符合实际、具有可操作性的社会捐赠,志愿者,合作管理,社会监督,社区参与特许经营和保护管理,就业引导与培训,产业引导,资源保护,监测与科研,旅游管理,社会资金筹措方法等11项管理机制。第五,加快编制总体规划。武夷山国家公园总体规划及5个专项规划经多次征求意见,通过专家评审和听证,并上报省政府审定。另外,制定试点区面积增补建议方案(增补后总体规划面积1005.70平方千米),并进一步修改完善了总体规划文本。

我们在调研中了解到,位于九曲溪上游保护地带的村庄及周边区域一直以来是成熟的镇村社区,是中国乌龙茶和红茶的重要产地,把该区域划入国家公园范围,限制了村民的生产生活,加剧了保护与发展的矛盾。另外,2017年7月9日,联合国教科文组织世界遗产委员会宣布江西省铅山县武夷山列入世界文化与自然遗产地。据此,武夷山自然与文化遗产地将扩界至邻省江西省的铅山县武夷山镇和篁碧乡,扩界地面积达到107平方千米,其中核心区面积70平方千米,缓冲区面积37平方千米,基本为无人区。建议在武夷山国家公园体制试点结束后,一是将九曲溪上游人口密集的部分村庄及武夷山风景名胜区调出国家公园范围;二是将江西省铅山县武夷山纳入武夷山国家公园试点区,武夷山国家公园扩界后,可考虑由中央和地方共同管理,实现在中央政府主导下福建省、江西省联合开展国家公园的保护和管理工作。

第四章　青海省自然保护地体系及其面临的体制困境

作为一个“生态大省”，青海省已建立类型齐全、面积广阔、完整多样的自然保护地体系，为推动全省自然资源保护和生态环境改善发挥了十分重要的作用。然而，与全国其他地区类似，青海省在自然保护地管理体制上也存在资源家底不清、保护主体缺位、保护政策多元、条块目标冲突、法律法规建设滞后和管理机构薄弱等突出问题。本章还以被誉为“高原明珠”的青海湖在保护与发展中面临的困境为例，分析了在这一区域开展国家公园体制试点建设的可行性。

第一节　青海省自然保护地体系概况

青海省林业和草原局挂牌成立后，从青海省林业厅和其他相关部门接收了青海省自然保护地管理工作。据 2019 年初步统计①，青海省共有国家和地方批建以自然生态保护为目标的各类自然保护地共 139 处，其中，自然保护区 11 处（国家级 7 处、省级 4 处，无地市级），总面积 21.78 万平方千米；同时，还

① 《建设国家公园省　不断夯实绿色发展根基》，《青海日报》2019 年 3 月 5 日。

设立了风景名胜区19处、地质公园9处、森林公园18处、湿地公园19处、沙漠公园12处、水产种质资源保护区14处、国际和国家重要湿地20处、水利风景区17处,扣除重叠面积后的自然保护地总面积约25万平方千米,占青海省国土总面积的35%左右(见表4-1)。这些自然保护地涵盖了青海省的"五大生态板块",即三江源区、青海湖流域、祁连山地区、柴达木盆地和湟水流域,在生物多样性保育、自然遗产保存、生态环境质量改善和国家生态安全维护等方面发挥了重要作用。

表4-1 青海省主要自然保护地概况

序号	保护地名称	数量(处)	原主管部门
1	自然保护区	11	林业、环保等部门
2	森林公园	18	林业部门
3	湿地公园	19	林业部门
4	风景名胜区	19	住建部门
5	地质公园	9	国土部门
6	水产种质资源保护区	14	水利部门
7	国际和国家重要湿地	20	林业部门
8	水利风景区	17	水利部门
9	沙漠公园	12	林业部门
合计		139	

另外,2014年4月,青海省人民政府正式发布《青海省主体功能区规划》。该规划指出,青海省禁止开发区域包括两类:一是国家级禁止开发区域,即国家级自然保护区、国家风景名胜区、国家森林公园、国家地质公园等20处,面积22.11万平方千米;二是省级禁止开发区域,有省级自然保护区、国际重要湿地、国家重要湿地、省级风景名胜区、省级森林公园、湿地公园、省级文物保护单位、重要水源保护地等437处,面积为3.81万平方千米。以上两个级别的禁止开发区域面积为25.91万平方千米,扣除重叠面积后为23.04万平方

千米,占青海省总面积的32.11%,区域内总人口32万人,占青海省总人口的5.5%。[①] 2019年12月,青海省委书记在《求是》上发表文章指出,青海省以三江源、祁连山两个国家公园体制试点为基础,设立了11处自然保护区,217处森林公园、沙漠公园、湿地公园、地质公园、世界自然遗产地等各类自然保护地,总面积达25万平方千米,覆盖青海省国土面积的35%。[②]

以上三种统计由于对自然保护地的类型有不同认识,所以数据有一定差异,但自然保护地面积占青海省总面积的比重差距不大。由于对青海省自然保护地家底还在调研确认之中,所以,本书尝试运用青海省林业与草原局的初步统计数据,描述一下青海省自然保护地的基本情况(见表4-2)。

表4-2　青海省自然保护地初步统计

序号	保护地名称	保护地类型	级别	批建时间	批建面积(公顷)
一　自然保护区					
1	三江源国家级自然保护区 *	自然保护区	国家级	2000	15230000.00
2	可可西里国家级自然保护区 *	自然保护区	国家级	1995	4500000.00
3	青海湖国家级自然保护区 *	自然保护区	国家级	1975	495200.00
4	隆宝国家级自然保护区 *	自然保护区	国家级	1984	10000.00
5	大通北川河源区国家级自然保护区	自然保护区	国家级	2005	107870.00
6	循化孟达国家级自然保护区 *	自然保护区	国家级	1980	17290.00
7	柴达木梭梭林国家级自然保护区	自然保护区	国家级	2000	373400.00
8	祁连山自然保护区 *	自然保护区	省级	2005	794500.00
9	格尔木胡杨林自然保护区	自然保护区	省级	2000	4200.00
10	可鲁克湖—托素湖自然保护区 *	自然保护区	省级	2000	14770.00
11	诺木洪自然保护区	自然保护区	省级	2005	118000.00

① 《青海省主体功能区规划》,青海省人民政府网,2014年4月15日。

② 王建军:《建设国家公园示范省　促进人与自然和谐共生》,《求是》2019年第24期。

续表

序号	保护地名称	保护地类型	级别	批建时间	批建面积（公顷）
二　森林公园					
12	北山国家森林公园 *	森林公园	国家级	1992	112723.00
13	大通国家森林公园	森林公园	国家级	2001	4747.00
14	仙米国家森林公园 *	森林公园	国家级	2003	148025.00
15	群加国家森林公园	森林公园	国家级	2002	5849.00
16	坎布拉国家森林公园 *	森林公园	国家级	1992	15247.00
17	哈里哈图国家森林公园	森林公园	国家级	2005	5171.00
18	麦秀国家森林公园 *	森林公园	国家级	2005	1535.00
19	南门峡省级森林公园 *	森林公园	省级	1996	22000.00
20	上北山省级森林公园	森林公园	省级	1996	39960.00
21	祁连黑河大峡谷省级森林公园	森林公园	省级	2005	23829.00
22	互助松多省级森林公园	森林公园	省级	2009	10493.00
23	德令哈柏树山省级森林公园 *	森林公园	省级	2013	18200.00
24	峡群寺省级森林公园	森林公园	省级	1996	3558.00
25	湟中南朔山森林公园	森林公园	省级	2009	8506.00
26	湟水省级森林公园	森林公园	省级	1996	311.00
27	青海贵德黄河省级森林公园 *	森林公园	省级	1996	3287.00
28	东峡省级森林公园	森林公园	省级	1996	2000.00
29	上五庄省级森林公园	森林公园	省级	1996	63330.00
三　湿地公园					
30	贵德黄河清国家湿地公园 *	湿地公园	国家级	2007	5546.00
31	西宁湟水国家湿地公园	湿地公园	国家级	2013	508.70
32	洮河源国家湿地公园	湿地公园	国家级	2013	42252.00
33	都兰阿拉克湖国家湿地公园	湿地公园	国家级	2014	16799.21
34	德令哈尕海国家湿地公园	湿地公园	国家级	2014	11229.40
35	玛多冬格措纳湖国家湿地公园 *	湿地公园	国家级	2014	48226.80
36	祁连黑河源国家湿地公园 *	湿地公园	国家级	2014	63935.62
37	乌兰都兰湖国家湿地公园	湿地公园	国家级	2014	6693.25
38	玉树巴塘河国家湿地公园 *	湿地公园	国家级	2014	12346.00

续表

序号	保护地名称	保护地类型	级别	批建时间	批建面积（公顷）
39	天峻布哈河国家湿地公园	湿地公园	国家级	2014	7133.97
40	互助南门峡国家湿地公园 *	湿地公园	国家级	2014	1217.31
41	泽库泽曲国家湿地公园	湿地公园	国家级	2015	72300.00
42	班玛玛可河国家湿地公园 *	湿地公园	国家级	2015	1610.74
43	曲麻莱德曲源国家湿地公园 *	湿地公园	国家级	2015	18647.83
44	乐都大地湾国家湿地公园	湿地公园	国家级	2015	609.90
45	刚察沙柳河国家湿地公园	湿地公园	国家级	2016	2980.76
46	贵南茫曲国家湿地公园	湿地公园	国家级	2016	4825.31
47	甘德班玛仁拓国家湿地公园	湿地公园	国家级	2016	4431.27
48	达日黄河国家湿地公园	湿地公园	国家级	2016	8671.95
四　风景名胜区					
49	青海湖国家级风景名胜区 *	风景名胜区	国家级	2015	757784.00
50	天峻山省级风景名胜区	风景名胜区	省级	2013	9000.00
51	乐都药草台省级风景名胜区	风景名胜区	省级	2013	3200.00
52	昆仑野牛谷省级风景名胜区 *	风景名胜区	省级	2013	8500.00
53	柴达木魔鬼城省级风景名胜区	风景名胜区	省级	2013	45000.00
54	都兰热水省级风景名胜区	风景名胜区	省级	2012	7800.00
55	贵南直亥省级风景名胜区	风景名胜区	省级	2012	5300.00
56	泽库和日省级风景名胜区	风景名胜区	省级	2012	1700.00
57	大通老爷山、宝库峡、鹞子沟省级风景名胜区	风景名胜区	省级	1999	15900.00
58	门源百里花海省级风景名胜区	风景名胜区	省级	2012	19300.00
59	互助北山省级风景名胜区 *	风景名胜区	省级	2012	48500.00
60	海西哈拉湖省级风景名胜区 *	风景名胜区	省级	2012	90000.00
61	天境祁连省级风景名胜区	风景名胜区	省级	2014	9650.00
62	德令哈柏树山省级风景名胜区 *	风景名胜区	省级	2014	9800.00
63	互助佑宁寺省级风景名胜区	风景名胜区	省级	2013	1800.00
64	坎布拉风景名胜区 *	风景名胜区	省级	2011	3917.00
65	贵德黄河风景名胜区 *	风景名胜区	省级	2011	6300.00
66	海晏金银滩风景名胜区 *	风景名胜区	省级	2014	110000.00

续表

序号	保护地名称	保护地类型	级别	批建时间	批建面积（公顷）
67	乌兰金子海风景名胜区 *	风景名胜区	省级	2014	
五　地质公园					
68	格尔木昆仑山世界地质公园 *	地质公园	世界级	2005	703317.00
69	格尔木昆仑山国家地质公园 *	地质公园	国家级	2005	140300.00
70	互助北山国家地质公园 *	地质公园	国家级	2005	105507.00
71	贵德国家地质公园 *	地质公园	国家级	2013	55400.00
72	年保玉则国家地质公园 *	地质公园	国家级	2005	230000.00
73	青海湖国家地质公园 *	地质公园	国家级	2012	20936.00
74	尖扎坎布拉国家地质公园 *	地质公园	国家级	2004	15400.00
75	玛沁阿尼玛卿山国家地质公园 *	地质公园	国家级	2015	12600.00
76	德令哈柏树山省级地质公园 *	地质公园	省级	2012	77900.00
六　水产种质资源保护区					
77	大通河特有鱼类国家级水产种质资源保护区	水产种质资源保护区	国家级	2012	709390.00
78	黑河特有鱼类国家级水产种质资源保护区	水产种质资源保护区	国家级	2012	1000000.00
79	楚玛尔河特有鱼类国家级水产种质资源保护区 *	水产种质资源保护区	国家级	2012	2648.80
80	格尔木河国家级水产种质资源保护区	水产种质资源保护区	国家级	2013	555.00
81	西门措国家级水产种质资源保护区	水产种质资源保护区	国家级	2013	510.00
82	青海湖裸鲤国家级水产种质资源保护区 *	水产种质资源保护区	国家级	2007	
83	黄河上游特有鱼类国家级水产种质资源保护区	水产种质资源保护区	国家级	2007	13289.00
84	扎陵湖鄂陵湖花斑裸鲤极边扁咽齿国家级水产种质资源保护区 *	水产种质资源保护区	国家级	2008	114200.00
85	玛可河重口裂腹鱼国家级水产种质资源保护区 *	水产种质资源保护区	国家级	2008	542.00
86	黄河尖扎段特有鱼类国家级水产种质资源保护区	水产种质资源保护区	国家级	2009	9732.00

续表

序号	保护地名称	保护地类型	级别	批建时间	批建面积（公顷）
87	黄河贵德段特有鱼类国家级水产种质资源保护区 *	水产种质资源保护区	国家级	2010	1149.00
88	格曲河特有鱼类国家级水产种质资源保护区	水产种质资源保护区	国家级	2011	1050.00
89	沱沱河特有鱼类国家级水产种质资源保护区 *	水产种质资源保护区	国家级	2011	4030.00
90	玉树州烟瘴挂峡特有鱼类国家级水产种质资源保护区 *	水产种质资源保护区	国家级	2016	2177.00
七　国际和国家重要湿地					
91	青海湖鸟岛国际重要湿地 *	国际重要湿地	国际	1992	495200.00
92	扎陵湖国际重要湿地 *	国际重要湿地	国际	2005	64920.00
93	鄂陵湖国际重要湿地 *	国际重要湿地	国际	2005	65907.00
94	青海湖国家重要湿地 *	国家重要湿地	国家	2011	575100.00
95	扎陵湖国家重要湿地 *	国家重要湿地	国家	2011	104400.00
96	鄂陵湖国家重要湿地 *	国家重要湿地	国家	2011	127300.00
97	茶卡盐湖国家重要湿地	国家重要湿地	国家	2011	31100.00
98	冬给措纳湖国家重要湿地	国家重要湿地	国家	2011	38600.00
99	隆宝滩国家重要湿地 *	国家重要湿地	国家	2011	11000.00
100	依然错国家重要湿地 *	国家重要湿地	国家	2011	493000.00
101	多尔改错国家重要湿地 *	国家重要湿地	国家	2011	78400.00
102	库赛湖国家重要湿地 *	国家重要湿地	国家	2011	125000.00
103	卓乃湖国家重要湿地 *	国家重要湿地	国家	2011	117000.00
104	哈拉湖国家重要湿地 *	国家重要湿地	国家	2011	125300.00
105	可鲁克湖国家重要湿地 *	国家重要湿地	国家	2011	30200.00
106	托素湖国家重要湿地 *	国家重要湿地	国家	2011	69000.00
107	柴达木盆地其他湿地	国家重要湿地	国家	2011	141100.00
108	尕斯库勒湖国家重要湿地	国家重要湿地	国家	2011	137300.00
109	玛多湖国家重要湿地 *	国家重要湿地	国家	2011	79700.00
110	黄河源区岗纳格玛错国家重要湿地 *	国家重要湿地	国家	2011	25400.00

续表

序号	保护地名称	保护地类型	级别	批建时间	批建面积（公顷）
八　水利风景区					
111	互助县南门峡国家水利风景区＊	水利风景区	国家级	2005	900.00
112	大通县黑泉水库国家水利风景区	水利风景区	国家级	2008	15040.00
113	互助北山国家水利风景区＊	水利风景区	国家级	2009	112700.00
114	玛多县黄河源水利风景区＊	水利风景区	国家级	2011	454700.00
115	囊谦县澜沧江水利风景区＊	水利风景区	国家级	2013	38000.00
116	海西州巴音河水利风景区	水利风景区	国家级	2013	39700.00
117	乌兰县金子海水利风景区＊	水利风景区	国家级	2013	6300.00
118	玉树通天河水利风景区＊	水利风景区	国家级	2016	156150.00
119	年保玉则水利风景区＊	水利风景区	国家级	2010	90000.00
120	西宁长沟岭水利风景区	水利风景区	国家级	2009	
121	黄南州黄河走廊水利风景区＊	水利风景区	国家级	2007	
122	循化孟达天池水利风景区＊	水利风景区	国家级	2008	
123	民和县三川黄河水利风景区	水利风景区	国家级	2010	20500.00
124	祁连县八宝河水利风景区	水利风景区	省级	2011	
125	班玛县玛可河水利风景区＊	水利风景区	省级	2011	120000.00
126	湟中县莲花湖水利风景区	水利风景区	省级	2011	1508.00
127	杂多县澜沧江源水利风景区＊	水利风景区	省级	2011	7880.00
九　沙漠公园					
128	贵南黄沙头国家沙漠公园	沙漠公园	国家级	2014	1650.00
129	乌兰金子海国家沙漠公园＊	沙漠公园	国家级	2015	3590.70
130	都兰铁奎国家沙漠公园	沙漠公园	国家级	2015	13600.00
131	茫崖千佛崖国家沙漠公园	沙漠公园	国家级	2015	945.78
132	海晏克土国家沙漠公园＊	沙漠公园	国家级	2016	298.88
133	曲麻莱通天河国家沙漠公园＊	沙漠公园	国家级	2016	292.95
134	乌兰泉水湾国家沙漠公园	沙漠公园	国家级	2016	445.59
135	泽库和日国家沙漠公园	沙漠公园	国家级	2016	292.35
136	贵南鲁仓国家沙漠公园	沙漠公园	国家级	2017	277.80
137	玛沁优云国家沙漠公园	沙漠公园	国家级	2017	297.70

续表

序号	保护地名称	保护地类型	级别	批建时间	批建面积（公顷）
138	冷湖雅丹国家沙漠公园	沙漠公园	国家级	2017	298.30
139	格尔木托拉海国家沙漠公园	沙漠公园	国家级	2017	292.90

注:1.数据来源于各自然保护地归口管理的国家部委和青海省有关部门公示名录;2.“ * ”表示各类自然保护地在设置上存在重叠。

第二节　青海省主要自然保护地类型简介

一、自然保护区

根据国家环境保护局和国家技术监督局联合颁布的《自然保护区类型与级别划分原则》(GB/T14529—1993),我国自然保护区按照其保护对象划分为3个类别、9种类型。其中,自然生态系统类包括森林、草原与草甸、荒漠、内陆湿地和水域、海洋和海岸带生态系统5个类型;野生生物类包括野生动物与野生植物2个类型;自然遗迹类包括地质遗迹和古生物遗迹2个类型。① 青海省自然保护区始建于1975年,青海湖是青海省建立的第一个自然保护区。经过40余年的努力,作为“野生动植物资源大省”的青海省,目前已建立包括森林、湿地、荒漠和野生动植物等类型的自然保护区11处,总面积达到2182.22万公顷,占青海省国土总面积的30.28%;其中,国家级自然保护区7处,总面积占青海省自然保护区总面积的95.26%②,省级自然保护区4处,尚无地市级自然保护区。林业部门负责青海省的自然保护区保护与管理工作,州、市、县林业主管部门也都设立了相应的管理机构或职能部门负责各自然保护区的管理工作。2017年修订的《中华人民共和国自然保护区条例》规定,自然保护

① 《自然保护区类型与级别划分原则》(自1994年1月1日起实施),生态环境部政府网。
② 《大通北川河源区晋升为国家级自然保护区》,《青海日报》2014年1月15日。

区从定性上属于严格保护区，划分为核心区、缓冲区和实验区三区进行管理。其中，核心区禁止任何个人和单位进入，缓冲区只准进入从事科学研究观测活动，实验区可以进入从事科学试验、教学实习、参观考察、旅游以及驯化、繁殖珍稀、濒危野生动植物等活动。①

虽然青海省自然保护区面积很大，但在管理上属于松散型模式，主要存在以下三个问题：一是为保护某些珍稀濒危物种、生态系统或自然景观而设立，对其他物种及其生境关注不够，在土地现有的资源状况基础上划定区域进行保护；二是注重保护对象和所需区域面积的确定，强调对保护对象的保护而对其应有的权属问题重视不够，使得一直以来资源的国家所有权虚置；三是对保护区内原住居民的生产生活有所忽视，保护与发展的矛盾十分突出。②

二、 森林公园

目前，国家正式的法律法规、部门规章中暂无关于森林公园的分类规定。青海省森林公园始建于 1992 年，北山、坎布拉国家森林公园是青海省建立的第一批国家森林公园。目前，青海省共建立森林公园 18 处，其中国家级森林公园 7 处、省级森林公园 11 处。森林公园面积约 0. 49 万平方千米，占青海省国土总面积的 0. 7%。森林公园主要是在国有林场基础上，在林业经营方式转变的背景下建立起来的，是一种森林资源的可持续利用方式，往往实行“一套人马、两块牌子”的管理体制。林业部门负责青海省森林公园保护与管理工作，地方的州、市、县林业主管部门或林场设立管委会或森林公园管理处为主要执行单位，具体负责各森林公园的相关管理工作。

国家林业局在 2011 年 4 月制定的《国家级森林公园管理办法》的基础上，于 2018 年 1 月下发《国家林业局关于进一步加强国家级森林公园管理的通知》。该通知重申，国家级森林公园属国家禁止开发区域，是禁止进行工业

---

① 《中华人民共和国自然保护区条例》（2017 年修订），中国政府网，2017 年 10 月 26 日。
② 郑杰：《青海自然保护区研究》，青海人民出版社 2011 年版，第 32 页。

化城镇化开发的重点生态功能区。国家级森林公园的主体功能是保护国家重要森林风景资源和生物多样性、传播森林生态文化、开展森林生态旅游。要严格依据法律法规规定和相关规划实施强制性保护，严格控制人为因素对自然生态和文化自然遗产原真性、完整性的干扰，严禁不符合主体功能定位的各类开发活动。该通知强调，编制国家级森林公园总体规划，必须严格遵循有关法律法规和技术规范，科学划定核心景观区、生态保育区、一般游憩区、管理服务区，按照不同功能分区的要求进行项目布局和建设。① 森林公园内的核心景观区、一般游憩区和管理服务区允许访客进入，并根据资源状况和环境容量对旅游规模进行有效控制。

三、　湿地公园

目前，国家正式的法律法规、部门规章中暂无关于湿地公园的分类规定。贵德黄河清国家湿地公园是青海省第一个国家湿地公园，始建于 2007 年。目前，青海省共建立国家湿地公园 19 处、省级湿地公园 1 处。湿地公园面积约 0.3 万平方千米，占青海省国土总面积的 0.4%。林业部门负责青海省湿地公园申报、建设、保护与管理工作，州、市、县林业主管部门设立相应的管理机构或职能部门负责各湿地公园的相关工作。

2017 年 12 月，国家林业局在试行办法基础上印发了《国家湿地公园管理办法》。该办法规定：国家湿地公园是自然保护体系的重要组成部分，属社会公益事业；国家湿地公园的建设和管理，应当遵循“全面保护、科学修复、合理利用、持续发展”的方针；国家湿地公园应划定保育区，并根据自然条件和管理需要，再划分为恢复重建区、合理利用区，实行分区管理。其中，保育区除开展保护、监测、科学研究等必需的保护管理活动外，不得进行任何与湿地生态系统保护和管理无关的其他活动。恢复重建区应当开展培育和恢复湿地的相

① 《国家林业局关于进一步加强国家级森林公园管理的通知》，国家林业和草原局政府网，2018 年 1 月 19 日。

关活动;合理利用区应当开展以生态展示、科普教育为主的宣教活动,可开展不损害湿地生态系统功能的生态体验及管理服务等活动。①

四、 风景名胜区

根据《风景名胜区分类标准》(CJJ/T121—2008),风景名胜区按照其主要特征可分为14类,分别为历史圣地类、山岳类、岩洞类、江河类、湖泊类、海滨海岛类、特殊地貌类、城市风景类、生物景观类、壁画石窟类、纪念地类、陵寝类、民俗风情类和其他类。大通老爷山、宝库峡、鹞子沟省级风景名胜区是青海省建立的第一个风景名胜区,始建于1999年。目前,青海省共建立风景名胜区19处,其中,国家级风景名胜区1处,省级风景名胜区18处。风景名胜区面积约1.2万平方千米,占青海省总面积的1.7%。风景名胜区是一种独特的自然保护地类型,由于风景名胜区没有独立的土地权属,都是依托其他保护地类型和资源而存在,导致风景名胜区管理长期处于尴尬的地位。住房和建设部门负责风景名胜区建立、审批以及相关管理工作。

2006年颁布实施并于2016年修订的《风景名胜区条例》以及一系列配套制度,是风景名胜区管理的根本保障。作为国家依法设立的自然和文化保护区域,风景名胜区以自然为基础,自然和文化融为一体,具有保护培育、文化传承、审美启智、科学研究、旅游休闲、区域促进等综合功能,是具有中国特色的一种自然文化资源保护地类型。风景名胜区总体规划的编制,应当体现人与自然和谐相处、区域协调发展和经济社会全面进步的要求,坚持保护优先、开发服从保护的原则,突出风景名胜资源的自然特性、文化内涵和地方特色。风景名胜区实施分级保护,应科学划定一级保护区、二级保护区和三级保护区,并规定不同分级保护区的保护要求。风景名胜区内的景观和自然环境,应当根据可持续发展的原则,严格保护,不得破坏或者随意改变。②

---

① 《国家湿地公园管理办法》,《国务院公报》2018年第17期。

② 《风景名胜区条例》,《国务院公报》2016年第2期(增刊)。

五、 地质公园

目前,国家正式的法律法规、部门规章中暂无关于地质公园的分类规定。2004 年,青海省开启了地质公园建设进程,尖扎坎布拉国家地质公园作为第一个地质公园应运而生。目前,青海省共建立地质公园 9 处,其中,世界地质公园 1 处、国家地质公园 7 处、省级地质公园 1 处。地质公园面积约 1.4 万平方千米,占青海省国土总面积的 2%。虽然国土部门主要负责地质公园的建立、审批和监督管理等相关工作,但由于很多地质公园是在原有自然保护区、森林公园、风景名胜区等自然保护地的基础上建立起来的,因此,在管理上受到国土、住建、环保、林业等部门的多重领导。

地质公园是以保护地质遗迹资源、促进社会经济可持续发展为宗旨,遵循"在保护中开发,在开发中保护"的原则,依据地矿部于 1995 年颁布的《地质遗迹保护管理规定》而建立的。国家地质公园可酌情划分出以下功能区:门区、游客服务区、科普教育区、地质遗迹保护区、自然生态区、游览区、公园管理区、居民保留点区等。其中,地质遗迹保护区可划分为特级保护区、一级保护区、二级保护区和三级保护区。特级保护区是地质公园内的核心保护区域,不允许观光游客进入,只允许经过批准的科研、管理人员进入开展保护和科研活动,区内不得设立任何建筑设施。①

六、 水利风景区

根据《水利风景区规划编制导则》(SL471—2010),水利风景区分为水库型、湿地型、自然河湖型、城市河湖型、灌区型和水土保持型 6 种类型。2005 年,互助南门峡国家水利风景区作为青海省建立的第一个水利风景区正式揭牌。目前,青海省共建立水利风景区 17 处,其中,国家级水利风景区 13 处、省

---

① 《地质遗迹保护管理规定》(1995 年 5 月 4 日地质矿产部第 21 号令发布),国家林业与草原局政府网。

级水利风景区 4 处。水利风景区面积 1.1 万平方千米，占青海省国土总面积的 1.5%。水利部门负责水利风景区的相关工作，县级以上人民政府水行政主管部门和流域管理机构对水利风景区进行监督管理，水利风景区管理机构在水利部门和流域管理机构统一领导下，具体负责水利风景区的建设、管理和保护工作。

水利部制定的《水利风景区管理办法》于 2004 年 6 月发布实施。该办法规定，水利风景区以培育生态、优化环境、保护资源、实现人与自然的和谐相处为目标，强调社会效益、环境效益和经济效益的有机统一；设立水利风景区，应当有利于加强水资源和生态环境保护，有利于保障水工程安全运行，有利于促进人与自然和谐相处；凡利用水利风景资源开展观光、娱乐、休闲、度假或科学、文化、教育等活动，必须报请有管辖权的水行政主管部门或流域管理机构批准；水利风景区内禁止各种污染环境、造成水土流失、破坏生态的行为，禁止存放或倾倒易燃、易爆、有毒、有害物品。①

七、 水产种质资源保护区

目前，国家正式颁发的法律法规、部门规章中暂无关于水产种质资源保护区的分类规定。青海湖裸鲤和黄河上游特有鱼类国家级水产种质资源保护区始建于 2007 年，是青海省建立的第一批水产种质资源保护区。目前，青海省共建立国家级水产种质资源保护区 14 处，尚无省级和地市级保护区。水产种质资源保护区面积约 1.9 万平方千米，占青海省国土总面积的 2.6%。农业部主管全国水产种质资源保护区工作，县级以上地方人民政府渔业行政主管部门负责辖区内水产种质资源保护区工作。

2010 年 12 月，《水产种质资源保护区管理暂行办法》由农业部审议通过。该办法规定，为保护水产种质资源及其生存环境，水产种质资源保护区分别针

① 《水利风景区管理办法》(2004 年 5 月 8 日发布)，水利部政府网。

对主要保护对象的繁殖期、幼体生长期等生长繁育关键阶段设定特别保护期，特别保护期内不得从事捕捞、爆破作业以及其他可能对保护区内生物资源和生态环境造成损害的活动。根据保护对象资源状况、自然环境及保护需要，水产种质资源保护区可以划分为核心区和实验区。①

八、沙漠公园

目前，国家正式颁发的法律法规、部门规章中暂无关于沙漠公园的分类规定。贵南黄沙头国家沙漠公园始建于2014年，是青海省建立的第一个国家沙漠公园。目前，青海省共建立国家沙漠公园13个，尚无省级和地市级沙漠公园，沙漠公园面积约0.02万平方千米。林业部门负责国家沙漠公园建设的指导、监督和管理，县级以上地方人民政府林业主管部门负责本辖区内国家沙漠公园建设的指导和监督。

2017年9月，国家林业局印发《国家沙漠公园管理办法》。该办法指出，国家沙漠公园建设和管理必须遵循“保护优先、科学规划、合理利用、持续发展”的基本原则，在地域上不得与国家已批准设立的其他保护区域重叠或者交叉；国家沙漠公园建设是国家生态建设的重要组成部分，属社会公益事业；国家沙漠公园面积原则上不低于200公顷，公园中沙化土地面积一般应占公园总面积的60%以上，具有较高的科学价值和美学价值；国家沙漠公园在功能上分为生态保育区、宣教展示区、沙漠体验区和管理服务区，其中生态保育区面积原则上应不小于国家沙漠公园总面积的60%；国家沙漠公园要综合发挥保护、科研、宣教和游憩等生态公益功能。②

九、重要湿地

青海省共有重要湿地20处，其中，国际重要湿地3处、国家重要湿地17

---

① 《水产种质资源保护区管理暂行办法》（自2011年3月1日起施行），农业农村部政府网。
② 《国家沙漠公园管理办法》（自2017年10月1日起实施），国家林业与草原局政府网。

处。依照《关于特别是作为水禽栖息地的国际重要湿地公约》(简称“国际湿地公约”)的定义,湿地指天然或人造、永久或暂时之死水或流水、淡水、微咸或咸水沼泽地、泥炭地或水域,包括低潮时水深不超过6米的海水区。其第二条规定,各缔约国应指定其领土内适当湿地列入《国际重要湿地名录》,并给予充分、有效的保护。1992年,青海湖国家级自然保护区被列入第一批国际重要湿地,面积495200公顷;2005年,青海省扎陵湖湿地、鄂陵湖湿地被列入第三批国际重要湿地,面积分别为64920公顷和65907公顷。为加强湿地保护管理,履行国际湿地公约,根据法律法规和国务院有关规定制定,国家林业局于2013年3月发布《湿地保护管理规定》。青海省除以上3处国际重要湿地被列入国家重要湿地外(面积均有所扩大),另有14处湿地也被列入国家重要湿地目录。

据青海省林草局2019年12月发布的最新数据①,全省湿地面积814.36万公顷,占全国湿地总面积的15.19%,居全国第一。截至目前,国家批准试点建设的青海省19处国家湿地公园中,10处已通过国家验收,国家湿地公园保护面积达到32.51万公顷,仅次于新疆和内蒙古,位居全国第三。申报认定青海湖鸟岛、扎陵湖、鄂陵湖3处国际重要湿地,保护面积为16.72万公顷。17处国家级重要湿地,保护面积为219.86万公顷。32处省级重要湿地,保护面积为215.1万公顷。

第三节　青海省自然保护地体系面临的体制困境

青海省类型齐全、面积广阔、完整多样的自然保护地体系为推动全省自然资源保护和生态环境改善发挥了十分重要的作用,一组最新公布的数字可以

① 《我省新增7处国家湿地公园》,青海省林业与草原局政府网,2019年12月25日。

说明：草原植被盖度由2014年的50.17%提高到57.2%，产草量从每亩159公斤提高到195公斤；森林覆盖率由2010年的5.23%提高到7.26%，森林蓄积量由2010年的4589万立方米提高到5010万立方米；荒漠化土地面积年均减少15.3万亩，沙化土地年均减少17.1万亩；雪豹数量超过1200只，藏羚羊由20世纪90年代的不足3万只恢复到现在的7万多只；等等。① 在充分肯定成绩的同时，对青海省自然保护地管理体制上存在的问题要有清醒的认识。

一、资源家底不清，对各类自然保护地的本底调查基础薄弱

青海省现有的各级各类自然保护地大部分是由环保、林业、住建、国土、水利、农业等部门进行专业管理，在本轮机构改革后刚刚全部移交给林业和草原部门。由于对自然保护地的现状调查涉及林业、农业、环境、水利、土地、城市规划、生态、地质、野生动植物等众多学科，庞杂且专业，再加上青海省地处青藏高原，自然保护地又多位于偏远山区或高海拔地区，自然条件较为艰苦，调查工作难度很大，所以目前仅对国家级自然保护区、湿地公园、森林公园、风景名胜区等类型的自然保护地开展过综合科学考察或专业调查。在青海省纳入整合优化的自然保护地中，开展过科考或专业调查的仅占55%左右，编制过规划的不到75%，还有20%至今没有具体范围界线。也就是说，至今对一些自然保护地的调查或规划只是停留在“地图”上，还没有落到“地面”上，自然保护地的边界勘定工作严重滞后。

二、产权主体缺位，从中央到地方对国有自然资源的委托—代理链条过长

我国宪法规定，“矿藏、水流、森林、山岭、草原、荒地、滩涂等自然资源，都属于国家所有，即全民所有；由法律规定属于集体所有的森林和山岭、草原、荒

① 《青海以国家公园为主体的自然保护地体系示范省建设白皮书（2019）》，2020年3月。

地、滩涂除外”。[1] 也就是说，自然保护地的自然资源绝大部分属于国家所有，所有权属于全体国民并由国务院代理。然而在实际运行中，往往视具体的事项由国务院通过委托代理方式，将国有自然资源所有权交中央部委或地方政府代为行使。在这一条委托—代理链中，全民资源的所有者代表多环节化，从中央部委到青海省相关厅局，到市（州）、县地方政府，再到具体某一个自然保护地管理机构，甚至有几十个环节之多，造成所有者事实上的缺位和虚化。国有自然资源所有权的5项权利，即占有权、管理权、使用权、获益权和保障社区发展权，如何在中央和地方之间划分，也没有明确的法律法规予以规定，使得涉及对自然资源管理保护和行政执法权分散在7个管理部门中。例如，目前国家级自然保护区在设立上采取由地方政府自下而上申报，而不是从国家层面按照生态重要性整体谋划，同时，在实际管理上大多采取属地管理方式，恰恰反映了中央政府在自然资源所有权职能行使上的缺位。[2]

三、 保护政策多元，自然保护地空间布局呈现交叉重叠和破碎化现象

自然资源与其依存的生态环境本身是一个有机整体，既相互联系又相互制约，但相关政府部门在进行专业管理时往往“只见树木不见森林”，部门利益会在各类自然保护地政策制定和实施中若隐若现。在青海省各类自然保护地中，交叉重叠面积约3万平方千米。各专业部门在对各自管辖的自然保护地制定空间规划和分区管理时，并不是基于同一个标准进行划分，也不是基于同一目标进行功能分解和整合，仅是把基于多目标制定的各种规划在国土空间上进行简单叠加，致使在同一个区域出现了既有自然保护区的名号，又加挂森林公园、风景名胜区、地质公园、湿地公园等牌子的局面。例如，林业部门在

① 《中华人民共和国宪法》，人民出版社2018年版，第11—12页。

② 李文军、徐建华、芦玉：《中国自然保护地体制改革方向和路径研究》，中国环境出版社2018年版，第32页。

对三江源国家级自然保护区进行分区管理时，自觉不自觉地会把森林、湿地、野生动物等集中分布的区域划入核心区，而对于广泛分布但属于农牧部门管理的草原重视不够；同时，在该区域中还有其他几类由其他部门管理的自然保护地交叉重叠。

四、条块目标冲突，保护与发展的矛盾仍未有效协调

青海省地广人稀、条件艰苦，但真正的“无人区”很少，很多地方一直以来就有人类活动，所以在划定各类自然保护地时必须面对如何处理好保护区与社区的关系问题。据国家林业和草原局西北调查规划设计院初步调查，在青海省现有保护地范围内，拥有青海省 13.2%的建设用地、13.3%的耕地和 43.9%的草原面积。其中划入县城 3 个、建制乡镇 60 个、行政村 535 个、独立宗教寺院 102 处、国有林业局机关 1 处、国有林场场部 8 处、原有水电站 12 处。自然保护地内现有常住居民 13.63 万户，人口 51.87 万人，占青海省总人口的 8.6%。在对各类自然保护地管理中，行业管理部门（“条条管理”）以生态保护为目标，管理手段以准入制度、规划编制、目标考核、动态监管为主，地方政府（“块块管理”）则以经济社会发展为目标，以人事管理、财务管理、建设项目与资产管理、绩效管理为主。由于“条条管理”大多被视为业务指导，“块块管理”则与自然保护地管理人员薪酬、干部职务升迁等直接相关，对自然保护地基层管理机构的实际影响更大，致使不少自然保护地的自然资源在保护与利用中“重开发、轻保护”，保护与发展仍未得到有效协调。①

五、法律法规建设滞后，难以适应自然保护地有效保护的实际需要

在现有关于自然保护地的法律法规中，除《中华人民共和国自然保护区

① 国家林草局昆明勘察设计院：《青海省自然保护地管理体制研究报告》，2019 年。

条例》和《风景名胜区条例》等属于国务院颁布的行政法规外，其余规范森林公园、地质公园、湿地公园、沙漠公园、水利风景区等自然保护地管理的法律规范，均属于部门规章或规范性文件。青海省配套制定的相关法律法规的立法层次也不高。由于自然保护地的立法尚无国家层面的法律，行政规章和部门规章的立法层级低，且多为从相关管理部门推出的规章或文件，加之部分法律法规已滞后于实践发展，使得在法律法规层面对自然保护地进行管理时要么陷入“无法可依”的空白境地，要么面临着“法律打架”的尴尬状态。

六、 管理机构薄弱，保护经费、人员及能力严重不足

一方面，中央财政对自然保护地的资金投入有限。中央政府未设立专门的财政账户用于自然保护，自然保护地的资金投入主要靠阶段性的项目支持，无长期资金保障。例如，中央财政对森林公园、地质公园、水产种质资源保护区、沙漠公园、湿地公园、水利风景区等基本上没有投入，“只给帽子，不给票子”；从2010年开始，虽然财政部及住建部门开始执行国家级风景名胜区补助资金制度，但资金额度很小；按照自然保护区条例确定的原则，国家级自然保护区的资金“由地方政府负责，国家给予适当补助”，但中央财政的补助非常有限，省级财政也没有专项投入，一般根据情况给予适当补助。[①] 因此，中央政府应承担的保护支出责任严重低于其匹配的中央事权责任。另一方面，作为一个财政小省、财政穷省，青海省每年的地方财政收入仅为200余亿元，财政支出主要靠中央转移支付和项目支持，在保运转、保稳定的任务完成后，用于自然保护地建设的资金十分有限。在巨大的资金压力下，一些自然保护地走上了通过卖门票维持运行的路子，致使保护地的全民公益性受到侵害。在资金不足的同时，青海省的各类自然保护地还面临着人员与编制短缺的问题。

① 国家林草局昆明勘察设计院：《青海省自然保护地管理体制研究报告》，2019年。

据调查，青海省 139 个自然保护地有独立管理机构的仅 29 个，有人员编制的仅 23 个，有财政拨款的仅 41 个。也就是说，青海省有很大一部分自然保护地只是一个“空壳”，徒有虚名，只有牌子，没有经费和人员，日常的巡护、监测和执法等工作无法开展。

以上几个问题的存在充分说明，必须通过体制机制创新破除青海省自然保护地体系管理上的障碍，以更好地保护“最美的自然”。

第四节　以青海湖保护与利用面临的困境为例

在地处青藏高原东北部、地质结构上属于祁连山系大通山、日月山与青海省南山之间的断层陷落盆地内，发育了世界第八大咸水湖、我国最大的内陆咸水湖——青海湖。这个高原湖泊是青海省最亮丽的一张名片，位居《中国国家地理》杂志评选的“中国最美五大湖泊”之首。青海湖是世界高原内陆湖泊湿地类型的典型代表，是水鸟重要繁殖地和迁徙通道的重要节点，更是高原特有物种青海湖裸鲤、普氏原羚的唯一栖息地。作为维系青藏高原东北部生态安全的重要水体和阻止西部沙漠化向东蔓延的天然屏障，青海湖在维护国家生态安全与保护生物多样性方面发挥着举足轻重的作用，被称为我国西北部的“气候调节器”“空气加湿器”和青藏高原物种基因库。青海湖也是青海省社会经济最发达的河湟谷地的重要生态安全屏障，维护着青藏高原最大的现代化中心城市——西宁市的生态安全。

青海湖水体独特的“水—鸟—鱼”湿地生态系统和山水林田湖草生态系统共同体发挥着重要的生态功能。最新研究显示：2011 年，青海湖水体生态系统服务功能的总使用价值为 240174.74 亿元，是当年青海省 GDP 的 1.4 倍。其中，直接使用价值仅为 13.84 亿元，而间接使用价值高达 240160.9 亿元，两者所占比例分别为 0.01%和 99.99%。青海湖各生态功能价值量从大至小依次为:气候调节、涵养水源、气体调节、文化科研、提供生物栖息地、休闲娱乐、物质生产和持留土壤。可见,青海湖在发挥气候调节、水源涵养、水土保持、生物多样性保护和社会文化等服务功能方面意义重大。①

一、青海湖保护与利用面临的困境

自20世纪70年代以来,中央和地方政府不断加大对青海湖的保护力度。特别是2007年青海省委、省政府决定成立青海湖景区保护利用管理局以来,青海湖生态环境的保护力度不断加强。经过五十余年的持续努力,青海湖湿地面积和珍稀野生动物种群逐步扩大,生态环境持续向好,呈现出"三增、三减、一不变"总体格局。"三增",即湿地面积、高密度植被覆盖率和整体生态功能持续增强;"三减",即保护区沙地面积、裸地面积、盐碱化土地面积持续减少;"一不变",即自然保护区内保护功能用地保持不变。根据青海省生态气象中心2019年9月27日EOS/MODIS卫星遥感监测,青海湖水体面积为4549.38平方千米,较2018年同期增加了20.08平方千米,较2019年4月25日增加了33.76平方千米。与2004年同期相比,2019年青海湖水位上升了3.27米,湖面扩大了304.88平方千米。在主要保护对象方面,实现了"三个增量、两项稳定"。三个增量:青海湖独有的濒危物种普氏原羚种群由1994年的300余只增加到了2018年的2000余只,黑颈鹤由2007年的40余只增长到2018年的130余只;湿地指示性物种(水鸟)由2007年的69种增加到2018年的95种;湿地关键性物种(青海湖裸鲤)资源蕴藏量由2002年的2592吨增长到了2019年的9.3万吨,增长了35.87倍。两项稳定:湿地指导性物种(水鸟)整体种群数量保持多年稳定,年累计为30余万只左右;整体水环境重要指标多年来保持稳定。② 但在取得明显成绩的同时,目前仍面临着以下几

① 曹生奎、曹广超、陈克龙等:《青海湖湖泊水生态系统服务功能的使用价值评估》,《生态经济》2013年第9期。

② 青海湖景区保护利用管理局:《青海湖生态环境保护状况》,2020年2月。

个突出问题。①

一是九种类型集一身。青海湖省级自然保护区始建于1975年，是青海省第一个自然保护区。1976年建立鸟岛管理站，1984年保护区管理机构由科级单位升格为县级建制，成立青海湖自然保护区鸟岛管理处，1997年经国务院批准晋升为国家级自然保护区，管理机构更名为青海湖国家级自然保护区管理局。保护区范围包括东自环青海湖东路、南自109国道、西自环湖西路、北自青藏铁路以内的整个青海湖水体、湖中岛屿及湖周沼泽滩涂湿地、草原，总面积为495200公顷，属湿地生态系统和野生动物类型的自然保护区。保护区设鸟岛、鸬鹚岛、泉湾至布哈河口湿地、三块石、海心山、沙岛至尕海地带的沙地6个核心区，核心区面积为91252公顷，缓冲区面积为47215公顷，实验区面积为356733公顷。1992年，我国加入"国际湿地公约"后，青海湖鸟岛率先被列入国际重要湿地名录，其范围、面积与青海湖国家级自然保护区相一致。2007年，以青海湖裸鲤、甘子河裸鲤、硬刺条鳅等物种为主要保护对象的青海湖裸鲤国家级水产种质资源保护区，由农业部批准建立。进入21世纪10年代后，青海湖又相继于2011年、2012年和2015年获得国家重要湿地、国家地质公园和国家级风景名胜区"桂冠"，但范围分别为575100公顷、20936公顷和757784公顷。2014年、2016年天峻布哈河和刚察沙流河先后被批准为国家湿地公园，批建面积分别为7133.97公顷和2980.76公顷。2016年，海晏克土国家沙漠公园被批准建立，批建面积为298.88公顷。另外，国家旅游局先后于2007年和2011年将青海湖评为国家4A级、国家5A旅游景区。目前，青海湖流域内共涉及国际重要湿地、国家级自然保护区、国家重要湿地、国家湿地公园、国家级风景名胜区、国家5A旅游景区、国家地质公园、国家沙漠公园、国家级水产种质资源保护区9个类型的国际或国家级自然保护地。这些

① 参阅由新华社青海分社记者顾玲、李琳海、曹婷、徐文婷采写的"新华视点"：《三大矛盾凸显　青海湖体制机制改革迫在眉睫》，《青海领导专供》2018年第1期。

来自不同部门且有着不同政策目标的牌子集于一身,在给青海湖带来巨大美誉度和知名度的同时,也埋下了保护与发展的矛盾。

二是条块关系难理顺。从行政区划上,青海湖国家级自然保护区地跨青海省海北藏族自治州海晏县、刚察县和海南藏族自治州共和县的"两州三县";若是从青海湖流域角度考虑,还要涉及海西蒙古族藏族自治州的天峻县,共"三州四县"。青海湖是青海省的旅游名片,特别是2005年10月荣登"中国最美的五大湖泊"榜首以后,掀起了对青海湖的旅游开发热潮。2007年,为改变对青海湖旅游资源多头管理和无序开发的乱局,青海省委、省政府决定成立青海湖景区保护利用管理局,为省政府直属的正厅级事业机构,同时加挂"青海湖国家级自然保护区管理局""青海湖国家级风景名胜区管理局"两块牌子,力图实现对青海湖景区的"统一保护、统一规划、统一管理、统一利用"。2009年、2012年、2014年又先后三次对保护利用体制进行了不同程度的改革,可以说是"十年四改",到今天已演变成为一个拥有5个内设机构、3个直属机构(即青海湖国家级自然保护区管理局、青海湖海事局和青海湖市场监管局)、3个派出机构(即二郎剑分局、鸟岛分局和沙岛分局),核定编制156名的正厅级行政机构。为实现政企分开,2008年5月由省财政注资成立青海湖旅游集团有限公司,由青海湖景区保护利用管理局监管。2018年9月以打造上市公司为由,从集团公司中又分设出青海湖旅游控股有限公司,现因管理人员和费用大增,造成被动后又无奈重组。以上这些机构的设立和改革,并未有效实现"四个统一"的建设目标。究其原因是,景区管理局的行政级别虽然与环湖两州相当,并承担着建设规划、生态保护和促进旅游发展的"事权",但对于景区内的农牧民群众和土地、草场资源等没有"治权",使得这个管理机构一直处于比较尴尬的状态。

三是社区居民怨言多。青海湖国家级自然保护区内有3个建制乡(镇)被划入核心区,涉及1.7万户8.5万人。20世纪八九十年代在落实草畜承包政策时,为了平衡牧户利益,在草场分户划分时形成了从青海湖边向四周山坡辐射的奇特格局，也就是说，每一家牧户都有一条通向湖边的牧道。在青海湖旅游热兴起以后，虽然自 2012 年起，青海湖景区保护利用管理局每年从景区门票中拿出 10%—15%支持社区发展，每年支持海南州、海北州乡村旅游发展资金达到上千万元。但面对巨大的利益诱惑，这些生活在青海湖周边的农牧民群众也纷纷开始了通过建设“牧家乐”来拉客甚至宰客的活动。一时间，私开通道、私搭乱建、私设景点、私立广告牌等违法活动频频发生。2016 年旅游旺季时，被网络和微信成功炒作的“在黑马河看日出”的景点上居然临时搭建了 2 万多顶帐篷。景区管理局在制止这些活动时，当地老百姓抱怨说：“我们世世代代在这里居住，你们管理局能享受，我们为啥不能享受?”另外，由于同一个乡（镇）、同一个行政村的不同牧户，或者同一个牧户的承包草场分别位于保护区内外，使得环湖公路内侧和核心区的政策与其他区域的政策差异性很大，危房改造、奖励性住房、游牧民定居点工程以及道路改造、畜棚建设等项目难以落地。老百姓在办理盖房等相关事务时，面对州、县地方政府一个政策和景区管理局另一个政策的困境，有时会感到无所适从、心生怨气。

四是旅游服务品质低。2007 年在组建青海湖景区保护利用管理局时，虽然在名字上把“保护”放到了“利用”之前，但对青海湖的总定位仍是“景区”。青海湖晋升为国家级风景名胜区后，在住建部支持下相继编制了总规和五片区控制性详规等规划，有力地支持了旅游业发展。旅游人数从 2008 年的 32 万人次增至 2019 年的 442. 59 万人次，旅游收入也由 2008 年的 3913 万元增至 2019 年的 6. 25 亿元，其中门票收入 1. 66 亿元。2017 年 8 月，第一轮中央环保督查在督查青海湖国家级自然保护区时关停其中的鸟岛景区和沙岛景区，并下令停止一切旅游经营活动。一直以来，青海湖旅游业发展对“门票经济”的依赖日益增强，致使景区门票价格一涨再涨。游客购票进入景区后，除了看到与在其他环湖区域并无二致的湖光山色及再购票乘船游览外，并不能对青海湖的历史与文化等有更深的认识，使得不少游客“乘兴而来败兴而归”,想花钱但又无处可花。另外,在自驾车旅游日益兴盛等因素影响下,不少游客把来青海省旅游的目光锁定到了离青海湖不远、也是被网络和微信成功炒作的位于甘青旅游大环线的“天空之境”茶卡盐湖上。自2013年开始,茶卡盐湖旅游人数开始逐年剧增,当年为16.02万人次;到2018年接待游客达到334.57万人次,实现旅游收入2.9亿元。茶卡盐湖旅游已有后来者居上,超过青海湖旅游之势了。

五是生态环境现隐忧。在青海湖整体生态环境保持向好态势的同时,由于旅游业的快速发展及环湖地区环境基础设施建设滞后等因素的综合影响,青海湖水生态正在发生一些令人担忧的变化。2020年5月9日,中央第二轮环保督查明确指出:环湖北岸的刚察县污水处理厂长期超负荷运行,县政府驻地沙柳河镇21.4%的区域为污水管网空白区,污水通过沙柳河排入青海湖;环湖南岸的共和县应于2019年9月前完成的3座污水处理厂和4座乡镇垃圾填埋场尚未开工建设,黑马河镇污水处理厂支管网建设推进不力,在污水处理厂和污水主管道建成后,仍由罐车拉运污水进行调适;紧邻湖区的二郎剑污水处理厂自2018年10月以来,出水总磷最高浓度超标达9倍,氨氮等超标问题也很突出;位于湖东的倒淌河镇污水处理厂2019年投运以来产生的污泥在厂区随意堆积,环境隐患较大;环湖一些宾馆、饭店、民宿等还存在直排废水问题。① 以上因素综合导致青海湖的水生态环境正在发生变化:一是微塑料密度上升。2016—2017年微塑料的丰度范围在整个青海湖湖区为5000—758000个/平方千米,空间上微塑料污染呈现南高北低的趋势,靠近旅游热门区域的湖区和湖岸,微塑料丰度相对较高。二是绿藻(刚毛藻)分布面积扩大。每年7—8月刚毛藻集中爆发,爆发面积由2008年的600多公顷扩大到2019年的3600多公顷。三是绿藻水华显现。2017年4月12日,在一郎剑半岛毗邻湖泊水体监测到的绿藻水华已达到相当水平。近年来,部分主湖近岸

① 《中央环保督查:青海湖保护有薄弱环节,污水通过河流排入》,中国新闻网,2020年5月9日。

的总磷、总氮等指标的超标情况严重，特别是有的地段总磷已达到劣Ⅴ类水平。①

二、以国家公园体制破解青海湖保护与利用难题

面对以上难题和困境，有研究者曾提出过采取“大景区模式”或在青海湖设市两种方案予以破解，但均因不切实际未予实施。在青海省与国家林草局联合共建以国家公园为主体的自然保护地体系示范省以后，尝试运用国家公园体制破解青海湖难题就成为首选。2020年5月，青海省正式启动了“青海湖国家公园三年行动”，计划2022年正式申报设立青海湖国家公园。青海省委明确指出，将青海湖上升为国家公园，突出生态环保的功能，关键是要走出景区管理的传统模式。

（一）青海湖国家公园的范围划分

目前，青海湖景区保护利用管理局委托国家林业和草原局调查规划设计院和中国国际工程咨询集团生态技术研究所（北京）有限公司联合开展青海湖国家公园评估论证和总体规划编制，青海省林业和草原局委托国家林业和草原局西北调查规划设计院设计青海湖区域自然保护地体系整合优化方案。前期研究在青海湖国家公园涉及的范围和面积上有“一大一小”两个方案。

方案一：以青海湖流域为主体划定青海湖国家公园范围的“大方案”。该方案划定面积为282.94万公顷，占青海湖流域面积的95.39%，其中，核心保护区占36.10%、一般控制区占63.90%。核心保护区从湖中湖岸到河流山巅分散分布，共有10个地块，包括湖中岛屿及河口滩地等水鸟重要栖息地、繁殖地，青海湖裸鲤主要的产卵场、索饵场、越冬场和洄游通道，鸟岛、快尔玛等生

① 国家林业和草原局调查规划设计院、中咨集团生态技术研究所（北京）有限公司：《拟建青海湖国家公园论证报告》（内部资料），2020年12月。

态系统原真性相对较高的普氏原羚栖息地，沙岛、尕海地带所在的沙地区域，布哈河、沙柳河、乌哈阿兰河等青海湖主要补给河流的源头区即重要水源涵养区。一般控制区分为生态修复区、建设用地控制区和生态产业融合发展区。在青海湖景区保护利用管理局基础上组建青海湖国家公园管理局，在国家公园涉及的海晏、刚察、天峻、共和 4 县设置管理分局。① 这一方案涉及的区域范围广，在体制设计上效仿三江源国家公园体制模式，也是在 4 个县设立分支机构。

方案二：以青海湖国家级自然保护区为主体确定青海湖国家公园范围的“小方案”。该方案提出将自然保护区周边具有完整性、原真性的自然生态系统和青海湖裸鲤洄游繁殖的主要场所布哈河、沙柳河、倒淌河干流等水域纳入国家公园加以保护，面积为 838500 公顷。在青海湖国家公园设立后，国家公园内原有的青海湖国家级自然保护区、青海湖国家重要湿地、青海湖国家地质公园、青海湖国家级风景名胜区、海晏克土国家沙漠公园、刚察沙柳河国家湿地公园、天峻布哈河国家湿地公园等牌子不再保留。青海湖裸鲤国家级水产种质资源保护区内裸鲤集中分布的水域和生态重要区域全部纳入青海湖国家公园范围，其余陆域面积不再保留。但国际履约冠名的青海湖鸟岛国际重要湿地的名称保留。②

考虑到青海湖的可进入性强、知名度高，且是青海省旅游业的王牌景区，青海湖国家公园范围在划定时不是“越大越好”。若以整个青海湖流域约 3 万平方千米作为国家公园的范围，虽然可以实现对生态系统的完整性、原真性保护，但因涉及“三州四县”的 26 个乡（镇）、125 个行政村，5 个省、州、县属国有农牧场，且通过 17 年“环湖赛”的宣传造势，旅游业已成为环湖州、县的主

① 国家林业和草原局调查规划设计院、中咨集团生态技术研究所（北京）有限公司：《拟建青海湖国家公园论证报告》（内部资料），2020 年 12 月。

② 青海省林业和草原局、国家林业和草原局西北调查规划设计院：《青海省以国家公园为主体的自然保护地体系整合优化方案》（内部资料），2019 年 11 月。

导产业。据统计，流域 GDP 的 1/3、第三产业产值的 2/3 来源于旅游业的贡献，尤其是完全靠湖发展旅游产业的海晏县和共和县，旅游业年产值分别占县域 GDP 的 67.12%和 38.97%、第三产业产值的 91.63%和 62.63%，旅游业已逐步成为流域发展的支柱性产业。[①] 以流域范围作为国家公园的范围会对长期依赖旅游业发展的地方经济产生较大影响，实施面临的困难可能较多。

我们建议，在以上“一大一小”两个方案基础上选择一个折中的“中方案”，即以青海湖国家级自然保护区范围为基础，将入湖的布哈河、沙流河等河流的河道及两岸的一定范围以及“旗舰物种”普氏原羚的栖息地划入国家公园范围之内，将青海湖周边的乡镇作为国家公园入口社区进行集中建设用于接待访客，以在实现对青海湖生态系统完整性、原真性保护的同时，兼顾好青海湖的游憩、教育和社区发展等功能。

（二）对青海湖建设国家公园的初步思考

总的来看，近半个世纪以来国家对青海湖的保护经历了从自然保护区模式到旅游景区模式，再到国家公园模式的变迁。如果说早期的自然保护区模式过多强调了保护，那么旅游景区模式则突出了发展，两个模式都走到了保护与发展的两个极端，未能有效处理好两者的关系，而即将开展的国家公园体制建设则是试图实现保护与发展“双赢”的一种新探索。开展好青海湖国家公园建设，不能总是纠结于面积和范围的大小，关键在于解决好人、地、管理体制等突出问题。

一是从人的因素看，世世代代居住在青海湖畔的农牧民群众是青海湖保护和发展的主体，理应成为国家公园建设的参与者和受益者，不应排除在国家公园建设之外。目前，在青海湖国家级自然保护区内进行的资源环境管理社区化试点，就是发挥农牧民群众主体作用的有益尝试。通过聘请 30 名牧民为

---

① 青海湖景区保护利用管理局：《青海湖国家公园设立方案》（内部资料），2020 年 11 月。

社区协管员，建立 5 个社区宣教点，使他们身兼保护区的“保护员”和当地群众的“宣传员”两职，有效推进了青海湖自然资源与生态环境保护工作。改变人的理念和行为方式，比简单地将人迁移和搬离，更符合国家公园的建设要求。

二是从地的因素看，青海湖流域内土地虽 99%以上属于全民所有，分别由地方政府、省直部门和保护区管理局代理行使，但其中由地方政府代理行使的全民所有可利用土地几乎全部承包到户。改革开放以来国有草场的农牧民承包制度已成为青海牧区的一个基本经济制度，如果建设国家公园时将草场收归国有，则不仅不符合国家稳定承包经营权的政策，也可能导致当地农牧民群众的反感和抵制。可行的办法是，借鉴钱江源、武夷山国家公园内保护地役权的改革方法，在不改变土地基本权属的前提下对土地使用方式进行限制和规范，同时通过适当的资金支持补偿农牧民群众的经济损失。另外，近年来由于青海湖水位上涨已淹没了周边近 9 万亩草场，其中除 1.5 万亩草场属于国有种羊场使用的以外，其余均为农牧民的承包草场。对这些淹没草场问题可采取永久征用或将草地补偿变湿地补偿的方式予以解决。

三是从管理体制的因素看，既然通过提高管理机构行政级别方式并未解决好保护与利用的问题，在未来青海湖国家公园管理体制的建立上可否尝试在涉及州、县之间设立“管理委员会”的方式，在这个管理委员会成员中既有来自国家、省国家公园管理部门的代表，又有来自州、县、乡政府的代表，还有社区代表。由这个“虚设”的管理委员会作为平台，通过多方参与的方式共同对青海湖的保护、规划与建设等重大问题进行研究讨论和决策。通过这种条块结合、以块为主，虚实结合、虚功实做的管理体制，既可以保证地方政府的权威性和执行力，又可以兼顾好国家公园保护好生态的目标。

我们期待，通过国家公园体制建设能有效解决保护与发展的矛盾，并能处理好国家公园内社区居民的生存和发展问题，使青海湖这颗璀璨的“明珠”永远发出灿烂的光芒，让“大、美、静、好”的青海湖成为人类永久享受的财富。

第五章　三江源生态保护与国家公园体制试点建设

“三江源”是青海省生态保护最为响亮的名片，十余年来从面积最大的国家级自然保护区，到第一个国家级生态保护综合试验区，再成为第一个国家公园体制试点区。自2016年开始，通过组建管理实体、设置管护岗位、制定条例规划、探索特许经营、扩大社会参与等改革举措，三江源国家公园体制试点的各项工作已取得突破性进展，走在了全国试点区域的前列。但在工作中仍然存在条与块、内与外、左与右、上与下的“四大关系”尚需进一步理顺，人、地、钱、法的“四大难题”尚需进一步破解等方面的深层次问题。

第一节　三江源生态保护不断升级

自西部大开发战略实施以来，“三江源”成为青海省对外宣传和倾力打造的最成功的品牌之一，国家对其的保护不断升级，经历了“三江源国家级自然保护区”“三江源国家生态保护综合试验区”和“三江源国家公园体制试点”三个阶段，12年上了三个大的台阶。目前，正在迈向“建立三江流域省份协同保护三江源共建共享机制”、保护“中华水塔”和保护地球“第三极”的新境界。

一、 从三江源国家级自然保护区到三江源国家公园

(一)三江源国家级自然保护区

1998年长江流域百年一遇的大洪水,增强了国家对长江上游天然林保护的政策支持力度。作为长江源头省份,青海省于2000年5月建立三江源省级自然保护区。2003年1月,三江源自然保护区由国务院批准一跃从省级升格为国家级。三江源国家级自然保护区由青海省南部长江、黄河、澜沧江源头相对完整的6个区域组成,总面积15.23万平方千米,占青海省总面积的21%。根据《中华人民共和国自然保护区条例》的相关规定,三江源国家级自然保护区按功能被分为核心区18处、缓冲区18处、实验区6处,三个功能区的面积分别为31218平方千米、39242平方千米和81882平方千米,分别占自然保护区总面积的20.5%、25.8%和53.7%。

由于三江源国家级自然保护区规划由林业部门主持制定,在核心区划定上显然主要以林业部门直接管辖的森林灌丛、湿地、野生动物等标志性生态系统为准,具体表现在:一是以森林及灌丛植被保护为主的核心区有7处,即通天河沿岸、昂赛、东仲—巴塘、中铁—军工、多可河、麦秀和玛可河保护区;二是以保护湿地生态系统为主体功能的核心区有8处,即阿尼玛卿山、星星海、年保玉则、当曲、格拉丹东、约古宗列、扎陵湖—鄂陵湖和果宗木查保护区;三是以野生动物保护为主的核心区有3处,即索加—曲麻河、江西和白扎保护区。在这样的划分原则之下,在空间布局上形成了东部以森林灌丛类型为主、中西部以野生动物类型为主、湿地类型主要分布在源头汇水处和高原湖泊周边的大格局。为了加强对三江源的生态保护,2005年1月,国务院常务会议研究批准了西部大开发以来单体投资最大的生态保护建设项目,即以三江源国家级自然保护区规划为蓝本、总投资75.07亿元的《青海省三江源自然保护区生态保护和建设总体规划》(简称“三江源生态保护与建设一期工程”),并于当

年8月启动实施。该工程建设项目以三江源国家级自然保护区总体规划为依托,实施区域涉及青海省5个自治州的17个县(市)69个乡镇,具体包括玉树州的玉树、称多、杂多、治多、囊谦、曲麻莱6县,果洛州的玛沁、甘德、班玛、久治、达日、玛多6县,黄南州的泽库、河南2县,海南州的同德、兴海2县及海西州格尔木市代管的唐古拉山镇。

(二)三江源国家生态保护综合试验区

在三江源生态保护与建设一期工程实施六年后,为加强对三江源的整体保护,2011年11月,国务院决定在由玉树、果洛、黄南、海南4个藏族自治州全部行政区域的21个县(市)和海西州格尔木市代管的唐古拉山镇,总面积为39.5万平方千米的范围内建设中国第一个生态保护综合试验区。在这个综合试验区内共有158个乡镇1214个行政村(含社区),涵盖范围占青海省总面积的一半以上。在2012年1月国家发展改革委印发的《青海三江源国家生态保护综合试验区总体方案》中,依据生态功能特性和资源环境承载能力,统筹生态保护和经济社会发展,将综合试验区划分为重点保护区、一般保护区和承接转移发展区三个类别,以期实现"明确功能定位、确立发展方向、优化空间布局、实施分类指导"的政策目标。其中,重点保护区19.8万平方千米,一般保护区18.9万平方千米,承接转移发展区0.8万平方千米,分别占综合试验区总面积的50.1%、47.9%和2%。与三江源国家级自然保护区的范围相比,三江源国家生态保护综合试验区范围增加了海南州共和、贵德和贵南3县,黄南州同仁、尖扎2县,实现了对三江源生态保护区域的全覆盖。2013年12月,国务院常务会议研究通过了以三江源国家生态保护综合试验区总体方案为依托、总投资超过160亿元的《三江源生态保护与建设二期工程规划》。随后的2014年1月,国家在青海省西宁市隆重举办了三江源国家生态保护综合试验区建设暨三江源二期工程启动仪式。

与三江源国家级自然保护区相比,三江源国家生态保护综合试验区具有三个特点:一是覆盖面积更广,由原来的15.23万平方千米增加到39.5万平方千米,涵盖了青南高原的全部区域。二是功能定位更全,即以改善生态环境为前提,以转变经济发展方式为主线,以深化改革为动力,以改善民生为出发点和落脚点。三是标准要求更高,按照尊重文化、保护生态、保障民生的原则,坚持生态保护、绿色发展与提高人民生活水平相结合,科学规划,改革创新,形成符合三江源地区功能定位的保护与发展模式。三江源生态保护模式也因此实现了"三个升级",即由应急保护向常规的持续性保护升级;由工程项目主导的保护向组织、制度创新的保护升级;由生态环境为主导的保护向生态文明主导下的生态、经济、文化综合试验的保护升级。①

(三)三江源国家公园体制试点

自21世纪之初开启三江源生态保护事业以来,党中央、国务院对这一"国字号"品牌的关注和支持力度持续加大。特别是党的十八大以来,习近平总书记在不同场合多次就青海省工作和三江源生态保护问题作出重要批示指示。在参加十二届全国人大四次会议青海省代表团审议时指出,一定要生态保护优先,扎扎实实推进生态环境保护,像保护眼睛一样保护生态环境,像对待生命一样对待生态环境,推动形成绿色生产方式和生活方式,保护好三江源,保护好"中华水塔",确保"一江清水向东流"。② 2016年8月22日至24日,习近平总书记在青海省视察工作时强调:"青海的生态地位重要而特殊。青海是长江、黄河、澜沧江的发源地,三江源地区被誉为'中华水塔'。""保护好三江源,保护好'中华水塔',是青海义不容辞的重大责任,来不得半点闪失。"③

---

① 马洪波、张孝德:《三江源生态保护进入新阶段》,《人民日报》2012年7月2日。

② 《习近平参加青海代表团审议》,新华网,2016年3月10日。

③ 中共中央文献研究室编:《习近平关于社会主义生态文明建设论述摘编》,中央文献出版社2017年版,第73—74页。

2015年12月，中央全面深化改革领导小组率先批准在青海省三江源区域开展国家公园体制试点，正是贯彻落实习近平总书记指示精神的重要体现。

根据《三江源国家公园体制试点方案》，在三江源区域开展国家公园体制试点的主要任务，是在有效保护修复三江源生态总目标下，创新生态保护管理体制机制，建立资金保障长效机制，有序扩大社会参与，实现人与自然和谐发展。根据体制试点方案精神，国家发展改革委于2018年1月印发了《三江源国家公园总体规划》。总体规划明确了三江源国家公园“一园三区”，即包括长江源、黄河源和澜沧江源3个园区管委会的组织架构，规划面积为12.31万平方千米，具体包括三江源国家级自然保护区的扎陵湖—鄂陵湖、星星海、索加—曲麻河、果宗木查和昂赛5个保护分区和可可西里国家级自然保护区的核心区4.17万平方千米（占33.87%），缓冲区4.53万平方千米（占36.80%），实验区2.96万平方千米（占24.05%），另外，为增强联通性和完整性，还将0.66万平方千米的非保护区范围（占5.36%）划入。[①] 试点区内共有12个乡镇、53个村，167893牧户、61588人。按照对国家公园实现最严格保护的要求，总体规划将三江源国家公园划分为核心保育区、生态保育修复区和传统利用区三个“一级功能区”，面积分别为9.057025万平方千米、0.592399万平方千米和2.664716万平方千米，其中核心保育区面积占三江源国家公园总面积的比例高达73.55%。

从以上简要回顾可以看出，“三江源”生态保护的概念自2000年产生以来经历了三次升级，其范围和划分方式发生了重大变化。总面积从小到大再从大变小，“三区”划分的名称和范围也在动态调整（见表5-1）。

① 《三江源国家公园总体规划》，国家发展改革委政府网，2018年1月17日。

表 5-1 “三江源”概念、范围和分区方式的演化

名　称	批准时间	总面积（万平方千米）	分区方式及面积（万平方千米）
三江源国家级自然保护区	2005 年	15. 2342	核心区 3. 1218 缓冲区 3. 9242 实验区 8. 1882
三江源国家生态保护综合试验区	2011 年	39. 5	重点保护区 19. 8 一般保护区 18. 9 承接转移发展区 0. 8
三江源国家公园体制试点区	2015 年	12. 31414	核心保育区 9. 057025 生态保育修复区 0. 592399 传统利用区 2. 664716

二、 国家公园体制是三江源保护的新尝试

三江源生态保护从以往的自然保护区模式升级为国家公园模式，并不仅仅是概念、范围和分区方式的变化，而是保护理念和政策的重大变化。与自然保护区突出保护某一类生态系统，且大多由地方申报、中央批准的方式不同，国家公园坚持“山水林田湖草是一个生命共同体”的理念，对国家公园内的生态系统进行整体性、系统性保护，且由国家根据现实发展需要、从全国的角度进行科学谋划和布局。通过五年来的试点，三江源的生态保护模式正在发生重大变化。

一是对国家公园内原住居民由以往生态移民政策调整为生态管护员政策。人类及其活动是国家公园生态系统的重要组成部分。在吸取了以往生态移民政策的经验和教训后，2019 年，在三江源国家公园管理局组织出版的《三江源国家公园解说手册》中已将原住居民定义为保护三江源的“英雄”，并说“在三江源国家公园内，有一些区域是为原住居民保留，用于基本生活和开展传统农、牧、渔业生产活动的区域。这些居民世代生活在公园内，工作在公园内，可谓国家公园的‘钉子户’。这些‘钉子户’也会参与到国家公园的保护与管理中来。三江源国家公园建立园区牧民参与机制，众多牧民从草原利用者

变成草原保护者。他们化身成为三江源国家公园的生态管护巡查员，成为三江源国家公园的守护者。这是三江源国家公园的又一把‘保护伞’。”①用“钉子户”和“保护伞”这些形象的比喻描述园区内农牧民群众及其适度游牧活动的作用，与以往采取的将人与自然相分离的政策已有天壤之别。生活在国家公园内的原住居民可以通过自愿移民搬迁，也可以通过参与生态保护或特许经营活动获取相应收入，过上“有尊严”的幸福生活。

二是从维护生物多样性而不仅是保护单一物种的角度重新认识草原灭鼠。由于对高原草原生态系统的理解不全面，以往对三江源生态退化的原因分析上大多归咎于“草原鼠害”，而且人鼠大战已持续了半个多世纪，草原灭鼠工程不仅耗费了大量的人力、物力和财力，而且效果不佳。目前越来越多的人认识到，鼠害是草原退化的结果，而不是原因。同样在2019年出版的《三江源国家公园解说手册》中有专门的内容“为鼠兔正名”，并指出“国内外相关学者通过对比实验论证：毒灭鼠兔的区域相对未灭鼠兔的区域，草场生物量并未得到显著提高；在草场质量好的地区，由于草长得高，不利于鼠兔发现捕食者，鼠兔的存活率显著下降。所以说，草场退化不是由鼠兔的数量直接决定的。鼠兔作为青藏高原上食肉兽和猛兽的主要食物，对于维持生态系统的稳定性与完整性有着重要作用。调查显示，毒杀鼠兔的区域不但会使以鼠兔为生的兽类分布密度降低，连许多原本依靠鼠兔洞作为栖息地的鸟类数量也大为减少”②。实际上，早在三江源生态保护一期工程启动之初，世界著名野生动物学专家乔治·夏勒博士就呼吁：“我们必须看到，鼠兔其实是青藏高原生态系统的关键性物种。它们维系着高原生态系统的良性运转，对草原生态系统产生着强大的正效应。因此，在好好地研究它们之前，请不要盲目地作出某种高

---

① 蔚东英：《三江源国家公园解说手册（2019年版）》，中国科学技术出版社2019年版，第12页。

② 蔚东英：《三江源国家公园解说手册（2019年版）》，中国科学技术出版社2019年版，第175页。

强度干预这个物种命运的决策。"① 2019 年 5 月，在接受新华社记者专访时，他再次呼吁：鼠兔种群增加是过度放牧和草原退化的标志，而非起因。盲目的灭鼠行动既会造成草原退化，也会破坏生物多样性。鼠兔、人、牲畜和牧场共同存在了几千年，彼此间生命相连，没有恶意相连。② 总之，鼠兔是三江源生态系统的重要一环，它们不仅是高原食物链上的重要组成部分，而且其曲折、蜿蜒的洞穴客观上发挥了盛水和保水的功能，一定程度上是"中华水塔"的毛细血管。

三是对国家公园内的网围栏提出了逐步拆除改造的要求。建设网围栏本是恢复草原植被的临时性、季节性措施，草场承包经营后成为划分牧户草场承包边界的重要手段。在实施三江源生态保护和建设一期、二期工程项目时，在总投资中预算大量的资金建设网围栏就成为一种"路径依赖"。这些草原上密集分布的"铁丝长城"虽然在短期内发挥了恢复草原植被的作用，但由于其阻碍了野生动物的迁徙通道，并使草原生境碎片化，越来越受到了广泛批评。"铁丝网围栏不仅围住、剿杀了普氏原羚、黄羊、狼、狐狸等野生动物，还无形中对偷猎形成帮助，造成野生动物无处可逃、束手就擒。"同时，网围栏还可能破坏野生动物的生存环境。"很多野生动物逐水草而居，经常要迁徙，活动半径很大，围栏使他们的生存环境破碎化、斑块化"。网围栏还让以前到处游牧的牲畜通过粪便"播种"草种的方式消失殆尽，也一定程度上影响了植物的繁殖甚至多样性。③ 在青海省政府与国家林草局联合印发的建立以国家公园为主体的自然保护地体系示范省建设三年行动计划中，明确了提出"优化网围栏布局，探索拆除自然保护地核心区和普氏原羚、鹅喉羚、藏野驴等野生动物重要迁徙地、自然保护区关键区、公路铁路等人工设施阻碍野生动物活动区域的网围栏"。

可见，这些年随着"山水林田湖草是一个生命共同体"的理念逐步深入，

---

① 冯永峰：《为了大草原，请放过鼠兔吧！》，《广州日报》2007 年 8 月 27 日。

② 李琳海：《乔治 · 夏勒：在青藏高原寻求自然之美》，新华网，2019 年 6 月 3 日。

③ 陈海波：《解救被"围"住的生态多样性》，《光明日报》2017 年 6 月 2 日。

三江源国家公园体制试点建设，正在对以往三江源自然保护区建设工程中惯常使用的生态移民、集中灭鼠和建设网围栏等做法进行了适度纠偏，试图探索出一条更加科学、更加合理的生态保护新模式。

三、进一步加大三江源生态保护力度

三江源生态保护是一种典型的公共产品，需要持续不断的资金投入和全社会的共同努力。为进一步加大对三江源生态保护的力度，2017 年青海省委、省政府就提出，三江源生态保护既是一项全局的事业，也是一项共享的、合作的事业，要以更加开放合作的理念，探索建立长江、黄河、澜沧江流域省份协同保护三江源共建共享机制。通过共建“一带一路”新格局、同促长江经济带绿色发展、共推黄河流域生态保护和高质量发展、参与澜沧江—湄公河合作机制，共同守护好中华民族的生命之源。2019 年 9 月 18 日，习近平总书记在黄河流域生态保护和高质量发展座谈会发表重要讲话以来，青海省提出在把握源头与流域、国家战略与源头责任、保护与发展的关系中找准定位、体现价值，履行好“源头责任”，实现好“干流担当”。

2020 年 4 月，根据习近平总书记 2016 年 8 月视察青海省时提出的重大要求，青海省制定印发了《保护中华水塔行动纲要（2020—2025）》。该纲要以涵养水源为首要功能，在三江源国家生态保护综合试验区范围内，按照生态经济系统的内在联系和发展规律，构建了中华水塔“锥形三环”保护层级，其中钻石保护环 10. 52 万平方千米、生态涵养环 9. 36 万平方千米、和谐共生环 19. 62 万平方千米，总面积 39. 5 万平方千米。纲要提出了坚持源头责任、生态报国，聚焦靶心、系统保护，空间管控、分区施策，和谐共生、绿色发展，改革创新、开放共赢，久久为功、世代传承六大原则，规划了稳固水资源涵养功能、提升生态系统功能、积极应对全球气候变化、增强科技支撑能力、推进人与自然和谐共生等五大领域 25 项重大生态工程，明确了涵养好中华民族的生命之源，努力将三江源打造成为践行习近平生态文明思想的典范区、美丽中国的金名片、全球水生态治理的先行区的总体目标,以筑牢国家生态安全屏障,确保一江清水向东流。另外,作为地球"第三极"的重要组成部分,青海省力图在共建"一带一路"中寻求新定位,以可持续发展为目标,开展与相关国家和地区协同推进在响应气候变化、保护生态环境、扩大山水人文影响等多方面的合作,推动极地联合保护。

总之,三江源既是青海的、中国的,也是亚洲的、世界的,三江源生态保护需要青海省各级党委、政府和干部群众的积极努力,需要中央政府和流域省份的大力支持,也需要全世界的合作共建。

第二节　三江源国家公园体制试点建设的成效总结

在三江源地区开展国家公园体制试点彰显着"青海最大的价值在生态、最大的责任在生态、最大的潜力也在生态"省情定位的政治意义。这是以习近平同志为核心的党中央深化生态文明领域制度改革的一项重大决策,是习近平生态文明思想在青藏高原的一次重大实践,是加快我国生态文明建设的一个重大创新。2019 年 8 月 19 日,习近平总书记致在青海省西宁市召开的第一届国家公园论坛贺信中明确指出:"生态文明建设对人类文明发展进步具有十分重大的意义。近年来,中国坚持绿水青山就是金山银山的理念,坚持山水林田湖草系统治理,实行了国家公园体制。三江源国家公园就是中国第一个国家公园体制试点。中国实行国家公园体制,目的是保持自然生态系统的原真性和完整性,保护生物多样性,保护生态安全屏障,给子孙后代留下珍贵的自然资产。这是中国推进自然生态保护、建设美丽中国、促进人与自然和谐共生的一项重要举措。"①贺信鲜明地指出了建立国家公园的重大意义和

① 《习近平致第一届国家公园论坛的贺信》,新华网,2019 年 8 月 19 日。

重要作用，是推进三江源国家公园体制试点及青海省以国家公园为主体的自然保护地体系建设的思想指引和行动指南。

自2016年以来，青海省将三江源国家公园体制试点建设列为“头号改革工程”来抓，坚持生态保护、民生改善、绿色发展、社会和谐稳定统筹推进原则，提出“125”的工作目标，即“一年夯实基础工作”“两年完成试点任务”“五年设立国家公园”，并确定了8个方面31项重点工作任务，着力理顺自然资源所有权和行政管理权的关系，解决执法监管“碎片化”问题，打破“九龙治水”的局面。经过五年来不懈努力，管理体制、规划制度、法规标准、监测评估等方面改革取得实质性进展，在国家林草局（国家公园管理局）组织的对10个国家公园体制试点单位综合评估中，三江源国家公园体制试点名列前茅，已具备正式设立国家公园的条件。2018年12月，在国务院第五次大督查中，青海省创新生态保护体制机制、大力推进三江源国家公园体制试点建设，被作为130种地方典型经验做法予以通报表扬。2019年12月，三江源国家公园体制试点荣获青海省委、省政府颁发的“青海改革创新奖”桂冠。三江源国家公园体制试点已为我国国家公园建设积累了可借鉴、可复制、可推广的经验和模式。

一、 组建管理实体，理顺管理体制

根据中共中央办公厅、国务院办公厅《三江源国家公园体制试点方案》要求，2016年5月11日，《三江源国家公园体制试点机构设置方案》由青海省委办公厅、省政府办公厅印发。方案明确在青海省林业厅派出的省三江源国家级自然保护区管理局机构和职责的基础上，组建三江源国家公园管理局（筹），并挂三江源国家级自然保护区管理局牌子，规定了机构设置、人员编制及职能定位。9月27日，中央编办批复同意青海省设立三江源国家公园管理局，并撤销了三江源国家级自然保护区管理局。11月16日，青海省委、省政府下达《关于设立三江源国家公园管理局的通知》，三江源国家公园管理局正式成立，下设长江源园区、黄河源园区和澜沧江源园区3个管委会，并在长江源园区管委会及相应管理处加挂青海可可西里世界自然遗产地管理机构牌子,增加自然遗产保护管理职责。同时,为了加强三江源国家级自然保护区管理,在暂未划入园区的13个核心区保留了保护分区管理机构牌子。2017年8月22日,中央编办、国家发展改革委批复同意依托三江源国家公园管理局组建三江源国有自然资源资产管理局,明确在三江源开展国家公园体制与国有自然资源资产管理体制“双试点”改革探索。同年年底,三江源国家公园管理局增挂三江源国有自然资源资产管理局牌子,园区国家公园管理委员会(管理处),同步加挂三江源国有自然资源资产管理分局牌子。

按照“生态保护优先、职能有机统一、党政适度联动、编制有效支撑、精简统一效能”原则,结合4县政府职能转变和机构改革,在强化属地党委政府责任基础上,建立纵向贯通、横向融合的国家公园领导体制。首先,理顺省、州、县、乡四级纵向管理体制。从省内十分紧缺的编制资源中调整划转354个,新增编制51个,共使用405个编制(其中,行政编制80名、森林公安专项编制124名、事业编制201名),组建三江源国家公园管理局和长江源、黄河源、澜沧江源三个园区管委会。三江源国家公园管理局设7个内设机构和3个事业单位,共使用编制152名。长江源园区管委会党委书记、管委会主任由玉树州委、州政府1名负责人兼任,下设治多、曲麻莱和可可西里3个管理处,治多、曲麻莱管理处的党委书记和主任分别由各县县委书记、县长兼任。黄河源园区管委会党委书记、管委会主任由玛多县县委书记、县长分别兼任。澜沧江源园区管委会党委书记、主任由杂多县县委书记、县长分别兼任。管委会(管理处)设专职副主任、副书记1人,并兼任所在县党政副职。依托园区内12个乡镇政府设立保护管理站,站长、副站长分别由乡镇党委书记、乡镇长兼任。其次,在横向上将原来分散在各级政府林业、农牧、环保、国土、水利等职能部门的生态保护管理职责全部划归到三江源国家公园管理局和3个园区管委会,全面实现集中统一高效的保护管理和综合执法,从根本上解决政出多门、职能交叉、职责分割的管理体制弊端,为实现国家公园范围内自然资源资产、国土空间用途管制“两个统一行使”和三江源国家公园重要资源资产国家所有、全民共享、世代传承奠定了体制基础。具体来讲就是“三个整合”:一是整合治多县、曲麻莱县、玛多县、杂多县4个涉及县政府的国土、环保、林业、水利等部门相关职责,组建副处级的生态环境和自然资源管理局,该局既是管委会(管理处)内设机构,也是县政府工作部门,以管委会(管理处)管理为主,具体负责县域内公园内外生态保护和“两个统一行使”职能。二是整合4县政府所属的森林公安、国土执法、环境执法、草原监理、渔政执法等执法机构,组建副处级的园区管委会资源环境执法局,开展综合执法,构建起归属清晰、权责明确、严格执法、监管有效的生态保护管理新体制。三是整合林业站、草原工作站、水土保持站、湿地保护站等涉及自然资源和生态保护单位,设立生态保护管理站,并在村一级落实生态管护公益岗位,负责县域内园区内外生态管护工作。最后,对3个园区所涉4县同步进行大部门制改革,县政府组成部门由原来的18—19个统一精简为15个,园区管委会(管理处)负责县域内园区内外自然资源管理、生态保护、特许经营、社会参与和宣传推介等职责,县政府行使辖区(包括国家公园)经济社会发展综合协调、公共服务、社会管理和市场监管等职责。国家公园管理机构与所在地方党委、政府之间既合理分工、明确权责,又各司其职、相互渗透、相互补充、相互配合,积极探索“小政府、大社会”的治理模式,努力形成共建共管的新格局,共同服从服务于生态保护管理的基本原则和根本目标。①

总之,通过机构改革和整合,中央事权进一步强化、青海责任进一步落实、管理机构职责界限进一步清晰,形成了以省级国家公园管理局为龙头,3个园区管委会、3个派出管理处为支撑,12个乡镇保护管理站为基点,村级管护站和管护小分队为基础、辐射到村的全新的行政管理体制,生态保护中“九龙治水”和“执法监管碎片化”问题得到基本解决,基本实现了“一件事由一个部门

① 青海省人民政府:《三江源国家公园公报(2018)》,中国林业出版社2019年版,第8—20页。

来管”的体制试点目标。

二、设置管护岗位，发挥社区作用

国家公园内社区是国家公园的重要组成部分。在体制试点中对于公园内社区居民，从以前将人与自然相分离的“排除式”管理方式，转变为人与自然相融合的“涵盖式”管理策略，逐步提高社区居民的参与水平，不断完善社区居民参与机制，积极构建管理部门与社区居民的合作伙伴关系。根据《三江源国家公园体制试点方案》中提出的“每个牧户设置一个管护岗位，使牧民由草原利用转变为保护生态为主、兼顾适度利用，建立牧民群众生态保护业绩与收入挂钩机制”的原则要求，在生态管护公益岗位改革上实行了“三步走”的策略：第一步，2016 年按照山水林田草湖一体化管护要求，将原有草原、湿地、林地等管护岗位统一归并为生态管护公益岗位，统一核定管护面积，即每岗管护 3 万亩，统一核发工资报酬，即每月每岗 1800 元；第二步，2017 年在玛多县擦泽村、治多县君曲村、杂多县年都村、曲麻莱县多秀村建档立卡户中实施生态公益岗位“一户一岗”试点的基础上，在园区内建档立卡户中逐步推开，实现建档立卡贫困户生态管护公益岗位“一户一岗”；第三步，2018 年全面实现了园区牧户生态管护公益岗位“一户一岗”全覆盖目标，持证上岗生态管护员共计 17211 个，其中：黄河源园区管委会 2545 个，澜沧江源园区管委会 7752 个，曲麻莱管理处 2867 个，治多管理处 4047 个。2019 年，与中国太平洋保险（集团）股份有限公司合作，为园区 17211 名生态管护员捐款投保团体人身意外伤害保险，保费每人 96 元/年（其中，个人承担 64 元，太平洋保险捐助 32 元），意外伤害保额每人 30 万元，意外伤害医疗每人 2 万元，风险保障总额 54.40 亿元。年内共理赔 5 名生态管护员保险费用 90.73 万元。[①] 目前，聘用的生态管护员数量约占园区内牧民总数的 27.3%，初步实现了纵向到底、横

① 三江源国家公园管理局：《三江源国家公园公报（2019）》，《青海日报》2020 年 3 月 4 日。

向到边的网格化管护格局，且“一人被聘为生态管护员、全家成为生态管护员”的新风正在兴起，生态保护成绩突出，正在努力实现“保护为了人民，依靠当地群众做好保护，保护的成果全民共享，让三江源的老百姓通过做保护过上好日子”的目标。

设置生态管护公益岗位是三江源国家公园体制试点的最大亮点之一，得到了国际社会的普遍称赞。2019 年 8 月 19 日在首届国家公园论坛上，美国国家公园管理局前局长、美国加州大学伯克利分校公园公众与生物多样性研究所执行主任乔纳森·贾维斯认为：“生活在三江源当地的牧民有着保护生态系统的传统，其世代传承的生态文化可用于国家公园管理。生态管护员项目诠释了中国国家公园的‘中国特色’，建议继续开展生态管理员项目，并扩大项目规模。”①5 年来，生态管护公益岗位在设立和运行上体现了“四个结合”：

一是保护生态与精准扶贫相结合。在试点政策制定上坚持生态保护与精准脱贫相结合原则，生态保护有机融合于农牧民群众充分参与、增收致富、转岗就业、改善生产生活的诉求之中。按照中央“六个精准”和“五个一批”的要求，结合青海省情实际，制定出台了覆盖面广、综合性强、含金量高的“1+8+10”政策体系，明确精准施策的行动路径，打出了强有力的脱贫攻坚“组合拳”。坚持政府主导，优化支出结构，统筹整合财政专项、行业扶贫、地方配套、金融信贷、社会帮扶和援青资金六类扶贫资金投入渠道，提高资金投入效率。建立健全财政稳定投入增长机制，每年省级财政专项支持三江源国家公园扶贫资金增长不低于 20%。着力打造生态“十个一批”的扶贫新模式，使农牧民群众能够更多地享受改革红利，强化生态保护与改善民生有机统一，农牧民群众得到全面发展，资源环境承载能力不断提高，推动国家公园建设与农牧民群众增收致富、转岗创业良性互动。

---

① 乔纳森·贾维斯：《三江源国家公园试点区评估——主要发现和建议》，《青海日报》2019 年 8 月 20 日。

二是保护生态与扩大就业相结合。截至2018年年底，按照“一户一岗”生态管护公益岗位政策，确定生态管护员17211名，户均年收入增加21600元，并统一购买了意外伤害保险，实现了山水林田湖草的组织化管护、网格化巡查。制定完善生态管护公益岗位设置实施方案，积极构建以生态管护为基础，兼顾基层党建、精准脱贫、维护稳定、民族团结和精神文明的“六位一体”生态管护模式。对生态管护员进行生态管护职责、管护方法、生态保护相关法律法规等为内容的多轮培训，组建乡镇管护站、村级管护队和管护小分队，统一配发队旗、巡护袖标、上岗证和巡护日志，在运用传统马队和摩托车队远距离巡查管护的同时，探索利用新技术手段建立多媒体收视系统，构建“点成线、网成面”的管护体系，使园区群众逐步由草原利用者转变为生态管护者。

三是保护生态与社区共建相结合。构建国家公园体制下的新型社区，推进社区转型发展，实现生态保护和社区发展互为促进，人与自然和谐共生。选择4个村和可可西里索南达杰保护站开展三江源国家公园生态保护与发展体制机制试点工作。通过联户经营、家庭牧场等举措，提升畜牧业的比较效益。通过开展澜沧江大峡谷揽胜走廊生态体验等特许经营活动，提高了农牧民的经济收入。鼓励引导并扶持农牧民以社区为单位尝试开展国家公园生态体验和环境教育服务等新的工作，使农牧民群众在参与生态保护和国家公园管理中获得稳定的收益，成为“永远不离开的国家公园守望者”。

四是保护生态与尊重文化相结合。长期以来生活在三江源头的农牧民群众形成了对土地、河流、山川系统性保护的传统生态文化，这种文化在潜移默化中影响着人们的思想和行为，一定程度上已内化为根深蒂固的环境保护意识和生态伦理道德。一方面，充分发挥地方优秀传统文化中有利于生态环境保护和可持续发展的积极因素。另一方面，处理好以藏文化和草原文化为主的当地文化传承与培育和践行社会主义核心价值观的关系，坚持现代化与民族特色相结合，加强文化遗产保护，共创精神家园，促进和谐发展，不断增进园区群众对伟大祖国、中华民族、中华文化、中国特色社会主义道路的认同，促进了各民族群众共同参与生态保护。

三、 制定条例规划，夯实制度基础

紧盯三江源国家公园体制试点的方向性、全局性、突破性改革要求，从政策、规划、立法等多个方面加大制度创新力度，努力以创新思维谋划总体设计、制定实施方案、落实配套政策，并注重各项政策与规划配套组合，共同发挥制度创新在试点中的引领和保障作用。

一是率先制定出台《三江源国家公园条例（试行）》。面对国内立法空白的困境，青海省按照中央关于国家公园体制改革精神，参考国内外保护地管理法律法规，借鉴国际上国家公园立法经验，历经广泛调研、充分讨论和多次征求意见建议，于 2017 年 6 月 2 日，经青海省第十二届人民代表大会常务委员会第 34 次会议表决通过，正式公布《三江源国家公园条例（试行）》，并自 2017 年 8 月 1 日起施行。该条例共分八章七十七条，主要从管理体制、规划建设、资源保护、利用管理、社会参与、法律责任等方面进行了条款设定，以法条形式规定了三江源国家公园管理体制机制改革、山水林田草湖一体化保护管理、“两个统一行使”、更好保护自然生态系统和自然文化遗产的完整性、原真性等内容，为依法建园提供了法律保障。

二是编制发布一个总体规划和五个专项规划。经国务院批准，2018 年 1 月 17 日国家发展改革委正式对外公布《三江源国家公园总体规划》。总体规划设定了三个阶段的目标：近期目标是至 2020 年正式设立三江源国家公园，国家公园体制全面建立，绿色发展方式成为主体，基本建成青藏高原生态保护修复示范区，共建共享、人与自然和谐共生的先行区，青藏高原大自然保护展示和生态文化传承区；中期目标是到 2025 年，保护和管理体制机制不断健全，全面形成绿色发展方式，山水林田湖草生态系统良性循环，形成独具特色的国家公园服务、管理和科研体系，生态文化发扬光大；远期目标是到 2035 年，届时三江源国家公园将成为生态保护的典范、体制机制创新的典范、我国国家公园的典范,建成现代化国家公园。① 在推进实施《三江源国家公园总体规划》的基础上,编制完成《三江源国家公园生态保护规划》《三江源国家公园生态体验和环境教育规划》《三江源国家公园产业发展和特许经营规划》《三江源社区发展和基础设施建设规划》和《三江源国家公园管理规划》五个专项规划。

三是审议通过有关三江源国家公园的系列管理办法和实施方案。按照青海省委办公厅、省政府办公厅《关于实施〈三江源国家公园体制试点方案〉的部署意见》精神,2016 年 9 月 14 日,三江源国家公园体制试点领导小组第 4 次会议审议通过《三江源国家公园科研科普活动管理办法(试行)》《三江源国家公园生态管护员公益岗位管理办法(试行)》《三江源国家公园经营性项目特许经营管理办法(试行)》《三江源国家公园项目投资管理办法(试行)》《三江源国家公园社会捐赠管理办法(试行)》《三江源国家公园志愿者管理办法(试行)》《三江源国家公园访客管理办法(试行)》《三江源国家公园国际合作交流管理办法(试行)》等 8 个规范性文件;2016 年 10 月 29 日,制定印发《三江源国家公园管理局预算管理办法(试行)》和《三江源国家公园草原生态保护补助奖励政策实施方案》;2018 年以来,又正式印发了《三江源国家公园功能分区管控办法(试行)》和《关于在国家公园体制试点中积极探索创新农牧民生产经营模式的实施方案》。截至 2018 年年底,共印发实施了 12 个管理办法(实施方案)。

四是研究制定三江源国家公园标准体系。结合三江源实际,兼具与国际接轨,研究制定《三江源国家公园管理规范和技术标准指南》及引用标准汇编(Ⅰ、Ⅱ、Ⅲ册),并制定发布《三江源国家公园标准体系导则》《三江源国家公园形象标志》《三江源国家公园术语》等青海省地方标准。2018 年 8 月 16 日,“三江源国家公园标准化技术委员会”的成立,标志着三江源国家公园管理局

① 《三江源国家公园总体规划》,国家发展改革委政府网,2018 年 1 月 17 日。

成为青海省第五个成立标准化技术委员会的单位。这些标准体系的制定特别是标准化技术委员会的成立，为三江源国家公园改革创新、建设发展、科学研究、保护管理、宣教服务和技术推广等工作的有效开展奠定了坚实的基础。

四、 探索特许经营，发展生态经济

在国家公园体制试点中，立足资源禀赋、环境承载能力和产业发展基础，全力践行“绿水青山就是金山银山”理念，积极发挥市场机制在生态系统约束下的决定性作用，努力探索“政府主导、市场化运作、园区居民积极参与”的生态产品价值实现新的路子，力争形成以生态有机畜牧业为基础，以生态体验和环境教育、特色文化、中藏药材资源开发利用产业为核心的绿色产业发展格局。近期，三江源国家公园管理局通过政策引导，汇聚各方资源，重点开展了三个产业的特许经营试点：一是不扰动生态系统及其过程的高端自然体验和环境教育产业；二是符合国家禁牧限牧政策要求的有机畜牧业；三是优秀传统文化产业。

实行园区内产业活动的特许经营，是各国国家公园管理机构的基本权责，也是国有自然资源资产管理的具体体现，不仅可以有效管控园内人类活动对环境的影响，还可有效降低公园内执法、管理和服务的成本。作为一项保护生态措施，国家公园特许经营主体除具备相应经营管理资质和经验外，还应以热爱自然、保护自然为经营目标，并能够提炼出可盈利的商业模式；经营活动的受益主体需为当地群众，目的是使其减少对自然资源的直接利用并改善生活水平；参与具体经营活动的工作人员必须以拥有当地户口、热爱家乡、熟悉本土的农牧民为主，文旅产品、畜产品等必须为由当地人生产的当地产品。

2018 年，根据《三江源国家公园经营性项目特许经营管理办法（试行）》的相关规定，三江源国家公园管理局研究制定了《昂赛大峡谷自然体验特许经营试点工作方案》，率先在澜沧江源园区昂赛大峡谷开展自然生态体验和环境教育的项目，经营主体分别为杂多县昂赛乡年都村扶贫生态旅游合作社和北京川源自然户外运动有限公司。

地处澜沧江大峡谷揽胜走廊的年都村，境内分布着白垩纪形成的红色砂砾岩有 300 多平方千米，在澜沧江及其支流的切割下造就了鬼斧神工的丹霞地貌，数百年的大果圆柏漫山遍野，各种珍稀野生动物如雪豹、金钱豹等在山间林中出没，一直以来当地牧民群众与大自然和谐相处，是开展自然体验和环境教育的首选之地。2014 年 8 月，中国横断山研究会会长、首席科学家杨勇在实地考察后认为，这处"赤壁丹崖"广泛发育，地质演变遗迹丰富，形成了顶平、身陡、麓缓的方山、石墙、石峰、石柱、陡崖等千姿百态的地貌形态，同时这里植物丰茂，生物多样性保存完好，宗教历史底蕴厚重，民风淳朴，是一处名副其实的地质"红石公园"和自然与人文乐园，也是青藏高原发育最为完整的白垩纪丹霞地质景观。时任杂多县县长表示："昂赛丹霞地质景观的利用，必须建立在对大自然敬畏的基础上，不能以经济利益为驱动，也不会让原住居民移居，保护原始的自然环境至关重要。"①三江源国家公园体制试点开展以来，这里被划入澜沧江源园区。

2016 年以来，北京大学自然保护与社区发展研究中心、北京山水自然保护中心的科学家和工作人员来到这里开展野生动物监测，在当地牧民群众的协助下按照 5 千米×5 千米的网格布设 120 台红外线照相机，实现了全村 1400 平方千米全覆盖，确定了 30 条有蹄类监测样线，获得了大量珍贵的雪豹等野生动物活动的影像资料。2018 年在昂赛乡政府的大力支持下，年都村扶贫生态旅游合作在村中选择了有经营意愿和能力、热爱生态保护的 22 户作为示范户，按照每车租赁费 1000 元、每人每天食宿费 300 元的价格，通过"大猫谷"网站（Valley of Cats）预约，接待来自世界各地的高端生态旅游访客。在收入分配上，先期确定了 45%归牧民示范户，45%交村集体、用于公共事务，10%作为村级保护基金、专注于村级保护事务的试点方案。截至 2019 年 11 月，已累计接

① 罗洪忠：《昂赛丹霞：如何成为国家公园建设的点睛之笔？》，《青海日报》2016 年 7 月 1 日。

待98个自然体验团，共计302人次，总收入达到101万元；户均增收3.1万元，公共提留32.4万元。来自英国的自然体验者丹·布朗（Dan Brown）评价说："我们在昂赛度过的时光远远超出了最初的想象。在蜿蜒崎岖的峡谷和巍峨壮丽的景色中，人与动物不仅和平共存，而且共同繁荣发展。社区项目的成功开展就是人与动物和谐关系的有力证明，也显示出人类对自然的敬畏之心。锦上添花的是，我们亲眼见到了雪豹！更别提与狼、猞猁，还有与其他众多哺乳动物和鸟类的华丽相逢。这里是自然爱好者的天堂，一个颇具示范性的社区旅游和保护项目。"①

2019年，启动黄河源园区生态体验特许经营项目前期工作，根据编制完成的《黄河源园区特许经营实施方案》和《三江源国家公园兔狲、藏狐毛绒玩偶特许商品经营方案》，在与世界自然基金会（WWF）三年合作开展生态保护社区管理、生态监测、有机畜产品经营等工作的基础上，引进"北京而立道和科技有限公司"，开展鄂陵湖自然体验与环境教育和有机畜产品特许经营试点。一是按照黄河源园区管委会的申请，由北京而立道和科技有限公司在玛多县注册设立"云享自然有限公司"为经营主体，引进其资金、专业人才队伍、相关技术及销售资源，按照三江源国家公园体制试点和管理局开展特许经营试点相关要求，授予其在黄河源园区与牧民合作社合作，开展符合相关规划要求的高端自然体验和环境教育活动（40批次）和国家公园特许经营玛多大白羊（4000头）的特许经营权。在特许经营方案审查批复后，由黄河源园区管委会与"云享自然有限公司"签订了3年的特许经营合同。二是与北京"波普自然设计有限公司"在三江源兔狲、藏狐毛绒玩偶及其销售中使用三江源国家公园标志并按要求开展三江源自然教育内容达成共识，授权其与三江源生态保护基金会合作，特许在特定产品使用三江源国家公园特许经营标识并附加三江源自然教育内容，营销额中的8%—10%转赠三江源生态保护基金会

---

① 刘馨浓：《关于自然体验，有几句话想告诉关心国家公园的你》，见《三江源，那些山水、动物和人》，北京山水自然保护中心2019年宣传资料，第26页。

用于生态保护。

在澜沧江源园区开展的国家公园自然体验和环境教育，以及在黄河源园区开展的特许经营虽然只是“星星之火”，但我们相信“可以燎原”。

五、扩大社会参与，实现共建共治

体制试点坚持国家所有、全民共享、世代传承原则，有序扩大社会力量参与生态保护，初步建立了社会和科研院所参与合作机制，建立健全了社会志愿服务等机制。

建立社会参与合作机制。一是搭建社会融资平台，以园区作为平台或载体，在加大财政支持力度的同时，广泛引导社会资金多渠道投入，给予从事生态保护、建设和发展的企业、公益组织和个人以荣誉激励和信誉保障。二是调动企业参与，牵手多方力量“呵护”美丽江源，形成“政府主导、企业参与、市场运作”的共建共享机制，鼓励企业从事生态恢复治理相关项目。三是非政府组织助力，三江源国家公园体制机制创新项目获全球环境基金（GEF）支持，与五矿国际信托有限公司共同设立“三江源思源 1 号”慈善信托计划。阿拉善 SEE 基金、北京山水自然保护中心等非政府环保组织参与合作。“雪豹守望者”团队联合编制出版科普读物。四是推进国际合作，通过与全国对外友协文化交流部、青海省外办共同签署战略合作框架协议，开辟渠道与 15 个国家的近百名大使、议员、专家及友好人士探讨交流生态文明建设和国家公园体制改革。

建立科研院所合作参与机制。在青海省人民政府的积极争取下，中国科学院依托设在青海省西宁市的西北高原生物研究所成立三江源国家公园研究院，并设立三江源国家公园院士工作站。鼓励科研机构、高等院校等依法进入国家公园开展资源调查，进行科学考察活动。体制试点以来，共受理审查 155 批次进入三江源国家公园和世界自然遗产地开展科研、生态体验等活动以及第二次青藏高原科学考察活动申请。这些科研活动，对摸清园区内自然资源和生态环境现状、人类生产活动和其他本底状况夯实了基础，对重大工程建设提供了有力支持，为恢复生态系统提供了智力支持。目前，中国科学院等研究机构已完成了关于三江源国家公园湖泊调查、生物多样性保护、生态监测等五项科研成果的阶段性进展报告。

建立健全志愿服务机制。一是建立完善志愿者招募制度，在认真做好志愿者注册、登记工作，全面掌握各类志愿者的数量、类别、特长、志愿工作选择时间等基本数据资料的基础上，广泛吸引社会各界志愿者特别是青少年志愿者参与国家公园志愿服务工作，充分发挥重点人群和重点领域的引领示范作用。二是做好志愿者管理和业务培训工作，根据园区需求服务的内容，聘请相关专业技术人员对志愿者进行知识及业务技能培训，提高了志愿者服务水平和层次。三是实行志愿者动态管理制度，通过建立完善在册志愿者档案，在做好志愿者参与园区志愿活动的时长记录和统计工作的基础上，制定了志愿者激励保障制度。

2019 年，三江源国家公园管理局聘请美国保尔森基金会对三江源国家公园体制试点进行了独立的国际第三方评估。评估报告认为："开展三江源国家公园试点是中国 2030 年全面实现国家公园体制建设目标的重要举措，试点期间探索制定的政策和实践将对中国国家公园体制建设产生深远影响。三江源国家公园试点工作强调'生态保护优先'和'尊重和弘扬当地藏族文化'，令评估小组印象深刻，表示赞赏。希望这些理念和政策在三江源国家公园试点成功后，将在中国的其他国家公园加以推广。评估小组专家认为，三江源地区的自然和文化资源禀赋独具特色，具有全球重要意义，值得中国人民引以为豪，应将其建成具有中国特色的国家公园，将这些资源永续保护，世代传承。"①

① 三江源国家公园管理局：《三江源国家公园公报（2019）》，《青海日报》2020 年 3 月 4 日。

第三节　三江源国家公园体制试点建设的难点分析

体制试点开展的五年间，课题组多次前往三江源国家公园管理局局机关、长江源园区管委会治多管理处、黄河源园区管委会、澜沧江源园区管委会以及治多县扎河乡马赛村、曲麻莱县曲麻河乡措池村、杂多县昂赛乡年都村和称多县拉布乡等地，就三江源生态保护和国家公园体制试点工作进展情况进行调研。通过召开座谈会、访谈、实地考察等方式，深感经过各方面的积极努力，三江源国家公园体制试点已取得明显成效，但在工作中仍然存在条与块、内与外、左与右、上与下的"四大关系"尚需进一步理顺，人、地、钱、法的"四大难题"尚需进一步破解，需要引起高度关注。

一、"四大关系"尚需理顺

国家公园作为一种新型的保护管理体制，在三江源落地生根时还面临着众多关系需要理顺。①

（一）条与块：园区管委会（管理处）与所在县委、县政府的关系

现行管理体制中，园区管委会（管理处）与所在县委、县政府之间的关系尚未完全理顺，给工作带来诸多不便。根据"不新增行政事业编制"的规定，澜沧江源园区管委会、长江源园区管委会治多管理处成立时，从所在县国土、林业、草原、环保等相关部门分别划转 48 个和 49 个编制，原部门因工作需要临聘的公益岗位人员、工勤人员未能整体划转。一方面，划转人员因进入省直系统，享受的退休政策与所在县提前退休的政策明显不同；另一方面，未划转

① 马洪波、白安良、张永善、张劲松：《推进三江源国家公园体制试点的难点与对策》，青海省委党校《研究报告》2017 年第 11 期。

人员大多为没有编制的业务骨干,一定程度上影响了工作的有效开展。另外,由于管委会(管理处)既要承担生态保护、社会引导、宣传推广、执法检查等园区内的管理职能,还要承担原有国土、水利、林业、环保等划转单位的管理职能,管委会(管理处)的各项工作都需要与县委、县政府的多方协调才能得以开展。目前管委会(管理处)编制不足,工作强度增加,但相关工资待遇并未增加;加之,因相关单位已划转至园区,县上不再拨付行政经费,三江源国家公园管理局的行政经费也未及时到位,致使管委会(管理处)在改革初期处在无工作经费、无工作用车、无基本设备的"三无"尴尬状态。这一状况目前虽已好转,但由于国家公园试点所涉 4 县率先开展了"大部制改革",县政府机构减少 5 个左右,而州、省乃至国家层面的机构设置数量变化不大,出现了"下改上未改"的局面,使得管委会(管理处)内设的资源与环境管理部门"一对多"的汇报和衔接压力陡增,工作人员疲于应付多个"婆婆"的检查和考核。

原因分析:一是顶层设计对机构的职能定位不够清晰。国家公园体制试点推行的"大部制改革",旨在通过转变政府职能,解决三江源保护"九龙治水"的难题。这一设计虽抓住了理顺政府部门间关系这一突出问题,但在实践中,未能对地方党委、政府与管委会(管理处)的关系进行明确定位。二是政府部门之间的各种互动关系缺乏明确的规范可循。国家公园体制试点对职能相近的不同部门进行的合并和划转只是停留在结构层面,政府不同部门之间的互动方式和内容以及相关的运行机制,尚未发生根本的变革。"大部制改革"受制于政府部门间固有的互动模式,难以从根本上有效推进,导致了当地党委、政府与管委会(管理处)之间"权责不清"和"部门主义"现象的普遍存在。改革后的政府机构体系难以在国家公园试点中有效承担服务型政府的职能定位。三是政府处于绝对支配地位,但是内部机制结构并不均衡,行政机制过强,而立法机制偏弱。行政机制过强可能产生行政部门越权行为,政府管了不该管的事。立法机制偏弱,既降低了立法部门对行政部门的约束力,同时也削弱了立法手段对国家公园试点的促进与保驾护航功能。

对策建议:第一,尽快落实机构编制和人员的"三定"方案,理顺体制机制,解决新机构与原有机构的关系问题,确保园区和所在县的相关政府职能的正常行使。第二,协调好园区内外各自的职责分工,通过定期召开联席会议等沟通机制厘清地方政府同国家公园管理机构的边界,处理好行政管理与生态保护间的分工关系,各司其职,相互配合。第三,健全完善制度体系,让制度体系真正落地。目前,针对三江源国家公园体制试点,青海省出台了多部法规和相关政策,要根据体制试点中出现的问题不断完善制度体系,在体系完备的基础上实现制度的落地实施,真正发挥制度对实际工作的指导作用。第四,要健全规划管理体系。三江源国家公园总体规划对专项规划有提纲挈领的作用,各专项规划要落实总体规划中要求的管控和保护任务。各专项规划要以总体规划为框架,互为依托、同步开展,确保目标统一、任务协调。

(二)内与外:划入园区地区与未划入园区地区的关系

在三江源国家公园试点的区域确定中,涉及的4个县均存在部分乡镇划入国家公园,部分乡镇未划入国家公园的问题。例如,治多县5乡1镇中有2个乡划入长江源园区,杂多县7乡1镇中有5个乡划入澜沧江源园区。虽然划入园区的乡镇逐步享受了"一户一岗"的生态管护优惠政策,但境内所有旅游开发、水电开发、公路建设、矿产开发等大型工程建设项目已全部停工,而且不再享受来自农牧、水利等部门的畜棚、疫苗、浴池(羊)、种草、灭鼠等相关项目的配套支持。比如,规划建设中的江苏启东—西藏那曲的345国道要穿过澜沧江源园区内果宗木查分区和当曲保护分区,因难以通过环评,至今无法开工,成为"断头路"。再如,被治多县干部群众称为"生命之路"的索唐公路(索加—唐古拉山),原本准备动工建设,却因为要经过长江源园区内的索加—曲麻河保护分区,未通过环评而停止。目前这一公路路面损毁严重,在座谈中马赛村村民开玩笑说:"每次去县城办个事或采购点东西要加200元的油,但同时又要掏500元的修车费。"还有村民说:"我的一个亲戚突发胆结石，本来是个小病，但由于路途颠簸，等送到县医院时人已经快不行了。”在治多县，起初没有划入国家公园的乡镇羡慕划入国家公园的乡镇，现如今没有划入国家公园的乡镇反而庆幸没被划入国家公园。

原因分析：一是作为全国重要的生态功能区，三江源地区至今未能建立持续稳定的利益补偿机制，主要以财政转移支付资金为主，市场化的融资渠道非常狭窄，社会化的生态保护资金介入程度也不高。二是一个地区的发展，如果仅靠“输血式”的扶贫发展方式，不进行适度的基础设施建设，不培育绿色产业体系，那么地区经济社会发展没有动力，只会陷入国家花费大量的资金养懒汉的恶性循环之中。目前，完全由政府主导的生态补偿机制还没有体现生态公共服务产品“谁受益、谁付费”的市场化原则，上游地区“生产”的生态产品和服务被下游地区无偿获取和使用的传统方式，严重制约了三江源生态产品和服务的供给能力和水平。三是由于对三江源生态移民补偿资金投入不足，生态移民后续产业发展的动力不足，区域间因环境损益造成的社会差距无形中扩大，损害了环境资源配置的公平性。

对策建议：第一，对划入园区地区和未划入园区地区要做到利益平衡，园区内要把生态保护和民生改善有机结合起来，园区内的建设要避免政策上的“一刀切”，国家公园管理机构可以通过科学有效的评估在合理的范围内开展一些有利于改善民生的基础设施建设和特许经营活动。第二，地方政府应明确自己的属地职责，统筹规划，使园区内的牧民群众也享受部分有利于牧业生产的相关优惠政策，避免园区内外政策的差别过大。第三，对于园区内的老百姓，通过设置生态管护公益岗位，推进牧民转产，促进牧民增收，对于继续从事畜牧业的牧民，转变畜牧业发展方式，减轻草场压力，引导其保护生态、传承传统文化；对于园区外的老百姓要健全完善相关生态补偿机制，加大扶贫攻坚力度，加大草补、林补、水补等相关补助的力度，科学制定后续产业发展扶持规划。通过城镇社区发展，完善基础设施和公共服务能力，吸引牧民群众自愿向城镇集中，进一步强化异地办学，提高文化素质，引导异地就业。

（三）左与右：乡镇政府的一般职能与保护管理职能的关系

根据试点方案，三江源国家公园试点范围内的12个乡镇政府加挂保护管理站牌子，增加国家公园相关管理职责，由乡镇党委书记、乡长分别兼任保护管理站站长、副站长。所在乡镇既要承担基层政权的全部职能，又要承担国家公园生态保护的管理职能，使得乡镇工作人员的工作强度大大增加。而且，由于缺乏生态保护专业知识，乡镇工作人员既不可能有效开展对动植物和生态环境的监测工作，也很难对生态管护员的日常巡护工作进行准确考核评估。如杂多县昂赛乡共有32名工作人员，其中行政编制人员19名、事业编制人员9名、临聘人员4名，"一户一岗"政策全部到位后将有1930名的生态管护员队伍，每年仅此一项的财政支出将达到4100余万元。面对数量如此巨大的生态管护员队伍和巨额的财政资金投入，乡镇政府的管理能力和手段显然是捉襟见肘。另外，在没有配发交通工具等相关设备、生态管护员自身文化素质不能保证有效管护的情况下，管护工作能否有效开展也是一个问题。

原因分析：目前尚无国家或行业的国家公园标准体系，导致对管理局、各管委会（管理处）、各乡镇保护管理站以及生态管护员的考核标准体系不明确，缺乏依据。同时，试点方案中对于乡镇保护管理的具体职能和工作开展未作明确规定，也未鼓励基层先行先试。

对策建议：第一，在完成草地、森林、湿地、地表水和野生动物等资源的本底调查的基础上，结合三江源国家公园实际，健全标准规范体系，科学制定三江源国家公园建设的考核指标体系和奖惩措施，使各级考核工作有据可依。第二，鉴于具体的保护管理职能由乡镇一级承担的现状，有必要适当增加乡镇编制，增加经费投入，加大对乡镇工作人员、生态管护员相关知识和技能的培训力度。第三，总结各园区管委会（管理处）、各基层管护站的好经验、好做法，加强相互之间的沟通交流，形成一些可推广、可复制的经验供相互参考。

（四）上与下：生态管护资金与扶贫资金的关系

国家“顶层设计”的生态保护政策在向下传导时有可能发生变异，生态管护资金使用的效率就是一个例子。在国家公园体制试点中，第一批被选聘的“生态管护员”主要是建档立卡的贫困户，旨在通过管护收入，完成脱贫任务，实现消除农牧民贫困和改善草原生态环境的双重目标。这种把精准脱贫和生态管护相结合设置公益岗位的做法，对于三江源地区脱贫致富，实现与全国同步全面建成小康社会具有重大的意义。如治多县索加乡、扎河乡人均年收入分别为2760元、2863元，其中建档立卡贫困户1119户3566人，占总人口的27.48%。体制试点中，在原有草原管护岗位的基础上，新增生态管护公益岗位1888人，总数达2455人。据了解，这些家庭每年的总收入中来自草原奖补和生态管护的已高达80%以上。然而，将生态管护收入与扶贫项目合并后，老百姓会认为自己拿的就是扶贫款，生态管护与自己无关，不是自己必须承担的职责。一些生态管护员还认为管护的路程远、成本高、费用大，管护收入中很大一部分用于管护工作中的加油费、修车费等开支，最后的收益远不如放牧多。

原因分析：在国家公园体制试点中，“生态管护员”一开始便被赋予了特殊的使命和意义，即“生态管护员”是扶贫开发与生态保护相结合的特殊人群。在国家公园的核心保育区，由于牧民居住过于分散，在常规扶贫政策难以取得效果或者成本太高的情况下，实现生态管护员的“一户一岗”就成为缓解当地环境压力和改善群众生产生活条件的有效途径。但这种做法的一大弊端在于混淆了扶贫资金与生态管护资金的界限，老百姓会认为这笔资金的发放只是换了个名字而已，缺乏生态保护的责任意识；同时一些老百姓感觉国家公园建设雷声大、雨点小，对他们的宣传、教育培训不够，还没有形成建设国家公园的良好氛围。

对策建议：第一，健全完善生态管护公益岗位考核制度，制定真正能够起到鼓励先进、惩处落后的奖惩措施，实施考核的末尾淘汰制，以此强化牧民群众的生态保护意识。第二，发挥好村社组织在生态管护员选聘和精准扶贫脱贫户界定中的积极作用，形成地方政府、管理机构与社区的良性互动。第三，采取群众喜闻乐见的形式加大生态保护的宣传力度，开展多种形式的环境教育，普及生态文化，培养生态公民。

二、“四大难题”尚需破解

在进一步理顺以上“四大关系”的背后，实际上隐含着人、地、钱、法四个深层次的难题。这“四大难题”是制约和影响三江源国家公园正常运行的关键所在，虽然在试点期间已进行了局部突破，但需要在三江源国家公园正式设立后逐步予以破解。①

（一）人的问题

人是一切改革试点成功的关键因素。虽然在推进三江源国家公园体制试点建设期间，在中央相关部门的大力支持下，青海省从紧张的人力、物力和财力中腾挪出专门的行政事业编制用于国家公园管理局机构建设，并按照“一户一岗”原则筹集资金整合设置了生态管护公益岗位，但在运行中仍然存在以下突出问题：

1.“三定”（定岗位、定编制、定职责）方案尚未审定印发

按照《三江源国家公园总体规划》明确提出的“不调整行政区划，整合优化、统一规范，建立管理主体”②的要求，在组建三江源国家公园管理机构时主要采取了编制整合的方式。由于青海省编制盘子小、腾挪余地小，在省级层面组建三江源国家公园管理局时，采取了连人带编整体划入的办法，但在设立长

① 马洪波：《三江源国家公园体制建设的深层次问题尚需破解》，青海省委党校《研究报告》2020 年第 26 期。

② 《三江源国家公园总体规划》，国家发展改革委政府网，2018 年 1 月 17 日。

江源、黄河源和澜沧江源三个园区时编制实在没有出处，只能通过县、乡两级政府大部门制改革调整出编制。2017年年底，为了充实加强三江源国家公园管理机构工作力量，经青海省编委会研究，为三江源国家公园管理局增设了自然资源资产管理处、国际合作与科技教育处，增加行政编制20名、事业编制30名。2018年，研究拟订了《三江源国家公园管理局（三江源国有自然资源资产管理局）主要职责内设机构和人员编制规定（送审稿）》，并征求了青海省内13个相关部门的意见、建议。2019年，再次征求了新组建的省自然资源厅、省生态环境厅、省林草局等部门意见，并向中央编办进行了请示汇报。由于三江源国家公园体制试点所剩时间不长，青海省委编办决定在体制试点结束、中央出台相关办法后，再优化完善三江源国家公园管理局职能配置、内设机构和人员编制规定。在这5年的体制试点时期，局部出现园区管委会（管理处）承担了大量的地方政府管理和服务职能，县、乡两级政府因机构合并、编制不足导致运转不畅，公园区内外的办事群众因不清楚县、乡政府与国家公园管理机构职责分工而无所适从的现象。

2. 管理职责尚未理顺，专业技术人才严重短缺

在三江源国家公园管理局成立时，三江源国家级自然保护区管理局被撤销。三江源国家级自然保护区由相对独立的18个保护分区组成，隶属于省林业厅，由管理局—管理分局—管理站（点）三级管理机构体系组成。在组建成立三江源国家公园管理局时仅有5个保护分区纳入国家公园范围，由园区管委会（管理处）按照山水林田湖草实行“一体化”管理。而未纳入国家公园范围的13个保护分区，在省级层面由三江源国家公园管理局按照现行国家级自然保护区管理体制和规定加强保护管理，在州、县层面依托玉树、果洛、黄南、海南四州及所属各县林草部门和国有林场，实行“一套人马、两块牌子”进行地方管理，乡级层面的管理则面临“无编制、无人员”的实际困难。特别是在森林公安管理体制改革后，可能会出现执法监管缺位问题，造成管理无抓手的局面，生态保护方面的隐患和风险将会相应增大。与此同时，受行政编制缺乏因素影响,三江源国家公园管理局仍有大量事业编制人员行使管理执法权,存在管理不合法问题。

国家公园体制试点是一项前所未有的复杂的系统工程,专业性、技术性、创新性很强,对科技支撑和专业人才要求很高。在组建管理机构时,人员主要采取了从国土、环保、住建、水利、农牧、扶贫、财政和林业等部门划转的方式。这些人员未必熟悉生态保护工作,对如何推进国家公园体制试点建设也有一个学习过程。仅以三江源国家公园管理局人员的职称和学历为例,目前拥有高级职称的只有 5 人,中级职称的 22 人,研究生及以上学历者 15 人。虽然在人才队伍建设上也采取了一些非常措施,如借助青海省"高端创新人才千人计划",柔性引进北京大学和中国环境科学研究院两名科研人员及北京大学保护生物学研究和实践团队,但其规模和数量十分有限。

3. 生态管护公益岗位政策的实施效果有待进一步提升

在国家公园范围内设立生态管护公益岗位,将当地的牧民群众从放牧者变成守护者,这一政策受到国内外的广泛好评。但在实施中又出现了三个新问题:一是国家公园区域内外公益岗位设置的平衡问题。园区内外山水相连、人文相通、邻里相融,自然景观和人文风情基本一致,但因国家公园划界,"园内"与"园外"政策形成鲜明对比。园内原住居民按照"一户一岗"设置原则,每户能稳定获得 1800 元的月收入,年均增收 21600 元,自豪感、幸福感、责任感、荣誉感明显增强。而园区外原住居民则没有普遍享受这项政策,出现了失落感和心理隔阂,这种状况不利于区域族群间的和谐稳定,也不利于激发生态保护的积极性。二是"一户一岗"政策实施效果问题。长期以来三江源地区牧民群众的户籍观念淡薄,在定居房建设、生态管护公益岗位设置政策实施时受政策红利吸引,出现了大量为享受政策而名义分户、实际上并未分户的现象。在生态管护员的选拔、管理、考核等工作开展时,由于要兼顾提升牧民收入、扶贫攻坚等多重目标,实质上并没有按照最大化保护成效的方式进行。另外,由于三江源地区牧民的整体搬迁率高,平均达到 50%—60%,高的地方甚至达到80%。在高城镇化率背景下,"一户一岗"的生态管护员设置可能会名实不符,逐步变成民生扶贫工程。① "这部分长期生活在城镇的群体,实际上已经脱离了草原和放牧,对自然环境的了解和感知程度、对传统生态知识的掌握程度、对保护生态的积极性都有所下降。且为了承担管护职责,他们必须从数十或上百公里的城镇到达草场方可完成,这样的成本对贫困户来说也是难以承受的"②。三是生态管护员的生态管护能力不足、热情下降。三江源国家公园现有生态管护员1.7万余名,全部由当地牧民群众组成,他们绝大多数科学文化素质较低,缺乏专业技术和职业技能培训,难以开展和胜任具有一定技术含量的工作,只能从事单一的管护、看护工作,有的管护员只是成为草原和社区垃圾的收集员。另外,月均1800元的管护收入在发放时虽然制定了"基础工资70%、绩效工资30%"的办法,但在考核中通常以定期检查生态管护员工作日志记录的简单方式进行,与管护员的生态保护绩效难以挂钩,形成了一种新的"大锅饭"体制,还吊起了管护员"涨工资"的胃口。

(二)地的问题

1. 三江源国家公园区域范围如何扩大问题

在研究制定三江源国家公园体制试点方案时,由于历史原因,长江西源的格拉丹东、南源的当曲,黄河源头的约古宗列三个保护分区暂时没有被纳入国家公园试点区范围,总面积达到3.21万平方千米,在体制试点期间当地干部群众反应十分强烈。另外,在杂多、治多、曲麻莱、可可西里等地还存在青海与西藏的牧民混居、西藏牧民的放牧半径北扩等问题。体制试点涉及的玉树州提出将白扎核心区、江西林场核心区、东仲林场核心区和通天河核心区整体或

---

① 李文军、徐建华、芦玉:《中国自然保护管理体制改革方向和路径研究》,中国环境出版集团2018年版,第39页。

② 赵翔、朱子云、吕植、肖凌云、梅索南措、王昊:《社区为主体的保护:对三江源国家公园生态管护公益岗位的思考》,《生物多样性》2018年第2期。

部分归并进入国家公园，作为国家公园一般控制区的要求；果洛州境内著名的年保玉则核心区、阿尼玛卿核心区、玛可河林场核心区也未在国家公园范围内。随着体制试点推进，三江源区域生态如何实现系统性、整体性、原真性保护的问题日益突出。

2. 三江源国家级自然保护区和三江源国家公园“三区变两区”问题

三江源国家级自然保护区在划建之初，由于评估技术有限以及为了争取国家政策支持，将一些乡镇、村社划入自然保护区内，有的甚至划入缓冲区、核心区，这使得之后开展的道路、水、电等民生工程项目无法落地。在三江源国家级自然保护区基础上建立的三江源国家公园，“三区”划分由核心区、缓冲区、实验区变为核心保育区、生态保育修复区、传统利用区，并将三个一级功能分区细化为若干个二级功能分区。《关于建立以国家公园为主体的自然保护地体系的指导意见》出台后，提出将各类自然保护地功能划分由“三区”变“两区”，即核心保护区和一般控制区。这就需要在扩大三江源国家公园范围的同时，重新对国家公园的功能分区进行调整，为区域内道路、水、电等基础设施建设留出空间，着力解决一些历史遗留问题。

3. 三江源国家公园范围内草场产权问题

草地是三江源国家公园主要的自然资源，虽然在权属上全部属于全民所有，但在20世纪八九十年代大多通过承包经营等方式转化为当地牧民群众无偿使用，如今已有30年左右的时间，且经历了两三代人的传承。党的十九大报告进一步提出，“保持土地承包关系稳定并长久不变，第二轮土地承包到期后再延长三十年”①。草场承包经营权虽然不是所有权，但却是一种“准物权”，在产权观念淡薄的三江源区域，牧民群众可能会将其等同于所有权，认为草场就是自家的私有财产。2010年以来实施的按照承包草场面积计算草原生态保护补助奖励资金的政策，一定程度上又强化了承包草场面积与牧民

① 习近平：《决胜全面建成小康社会　夺取新时代中国特色社会主义伟大胜利——在中国共产党第十九次全国代表大会上的报告》，人民出版社2017年版，第32页。

群众收入之间的联系。在三江源国家公园体制试点中，既要维护国有自然资源资产的权益，又要保证草场承包经营权的稳定，两者之间的平衡无疑是一个很大的挑战。

（三）钱的问题

1. 三江源国家公园持续稳定的投入机制还未建立

在《关于建立以国家公园为主体的自然保护地体系的指导意见》中明确指出："按照生态系统重要程度，将国家公园等自然保护地分为中央直接管理、中央地方共同管理和地方管理 3 类，实行分级设立、分级管理。"①《三江源国家公园总体规划》特别规定："三江源国家公园原则上属于中央事权，园区建设、管理和运行等所需资金要逐步纳入中央财政支出范围。""试点期间由青海省财政统筹，中央财政通过现有渠道加大支持力度。"②据统计，自 2016—2018 年，三江源国家公园共投入资金 33.5 亿元，年均 11 亿元。中央和省级财政投入分别占总资金的 46.9%、53.1%。省级财政对三江源国家公园的投入占省级地方一般公共预算收入的比例逐年升高，分别是 0.74%、1.66%和 1.89%，市（州）级财政无财力投入。2019 年，三江源国家公园争取生态保护基础设施项目到位资金 10 亿元，省财政统筹落实生态管护公益岗位补助资金 3.7 亿元，另外，落实中央预算内天然林保护工程、森林生态效益补偿（国家级公益林补偿）、湿地生态效益补偿、退牧还草工程、草原生态保护补助奖励资金等 4.89 亿元。③

5 年来，三江源国家公园资金来源包括中央预算内投资藏区专项、文化旅游提升工程、三江源生态保护和建设二期工程、退牧还草工程、省级财政专项、

① 《关于建立以国家公园为主体的自然保护地体系的指导意见》，人民出版社 2019 年版，第 9—10 页。

② 《三江源国家公园总体规划》，国家发展改革委政府网，2018 年 1 月 17 日。

③ 三江源国家公园管理局：《三江源国家公园公报（2019）》，《青海日报》2020 年 3 月 4 日。

生态管护公益岗位资金、部门预算等,所需经费由各职能部门分别上报、申请、分配和管理,资金整体使用效益有待提高。依照《三江源国家公园总体规划》要求,开展生态保护和修复工程、民生工程、基础设施建设,实施生态管护补助、环境教育、生态体验、科研、生态展示、人才引进培养,保障机构运转,年度资金需求约为 22.5 亿元。现有的资金投入不仅不能保障三江源国家公园的正常需求,而且多为各类阶段性项目资金的捆绑使用,国家预算投入缺乏连续性和稳定性,在中央财政层面还没有设立专项补助资金项目或国家公园预算一般科目,财政支出与事权管理不匹配的问题日益突出。

2. 支持生态管护公益岗位资金需求对省级财政压力大

通过设立生态管护公益岗位提供比较稳定的资金渠道,已成为保障青海省农牧民脱贫的主要政策手段,这些岗位中 90%以上的管护人员由建档立卡贫困户担任。截至 2018 年年底,初步统计,青海省已设立各类生态管护公益岗位 81668 个。其中:自 2000 年开始,青海省林业厅针对国有和集体林管护,设立 12868 个森林管护岗位。2017 年起,又设立建档立卡贫困户森林管护岗位 8000 个。两者合计 20868 个。2014 年,青海省农牧厅在三江源地区将每 5 万亩草原设置一个岗位的政策调整为每 3 万亩草原设置一个岗位,目前青海省草原管护岗位共设置 11264 个。2016 年以来,青海省扶贫局按照脱贫攻坚要求新增设生态管护公益岗位 31362 个;三江源国家公园管理局建立后,按照"一户一岗"政策要求在公园范围内共设立生态管护公益岗位 17211 个;青海省林业厅按照湿地保护重要程度,共设置 963 个湿地生态公益岗位。落实以上生态管护公益岗位报酬政策,青海省财政每年需要安排资金 13.5 亿元,其中省级财政安排 11.6 亿元,中央专项安排 1.9 亿元。三江源国家公园范围内 17211 个生态管护员每年累计 3.72 亿元的收入,均由捉襟见肘的省级财政予以解决。

在青海省生态管护公益岗位的规模和保障水平已走在全国前列的情况下,一些部门,如青海省河湖长制办公室又提出了"增设 9842 个江河湖泊及饮用水源地管护公益岗位，并优先从建档立卡贫困户中选聘”的请求，这无疑会给省级财政带来更大的压力。据测算，如果对现有的8万余名生态管护员人均月增工资100元，每年省级财政将增加支出1亿元，而全省在职财政供养人员若月增工资100元，年需资金3亿元。另外，由于缺乏对生态管护公益岗位政策的“顶层设计”，各相关部门出于扶贫政绩考虑纷纷出台实施各类政策，使得行业分割碎片化严重、时空管护任务不均、工作任务轻重不一、地方政府监管不到位等问题日益突出。特别是在设立部分类别的管护岗位时着重顾及了解决扶贫问题，对生态管护本身考虑不多，可能会使这一政策的实施名不符实。

3. 人兽冲突增加带来的补偿资金压力加大

由于三江源生态环境逐步向好，野生动物种群数量逐年恢复，棕熊、雪豹等野生动物“走街串巷”的事件时有发生。野生动物一方面与家畜争食草场，另一方面会袭击捕食家畜，群众的生命财产也受到威胁。据统计，2013—2017年野生动物“肇事”的数量分别是80起、134起、802起、1721起和3113起，呈快速增长趋势，其中还不包括边远地区来不及报案和没报案的，累计需要补偿资金1641万元。若参照2013年开展的青海省陆生野生动物造成人身财产损失补偿试点工作的做法，即以损失金额的50%进行补偿，其中省级和地方财政各承担25%，三江源各州、县因财政拮据，也难以承担25%的配套资金，致使人兽冲突的补偿政策难以落实。长此以往，将会降低牧民群众保护野生动物的积极性。

4. 资金投入渠道单一，对中央财政支持的依赖日益增大

青海省是一个经济小省、财政穷省，在生态保护优先理念下尚未找到生态保护与经济发展的有机结合点，致使其财政运转对中央转移支付和项目资金的依赖有增无减。三江源国家公园体制试点期间虽然也提出了调动社会力量积极参与资金筹措的要求，但成效不明显。目前，在即将正式建立三江源国家公园和祁连山国家公园的基础上，青海省政府与国家林草局签署共建以国家公园为主体的自然保护地体系示范省的战略协议,计划再建设青海湖和昆仑山两个国家公园,青海省未来将会成为拥有国家公园最多的省份。如果不能形成国家公园市场化、多元化的资金渠道,青海国家公园示范省建设无疑会进一步增加对中央财政的依赖程度。

(四)法的问题

1. 国家层面有关生态保护的法律法规科学性有待提升

早在1994年10月,为加强对自然环境和自然资源的保护,《中华人民共和国自然保护区条例》由国务院令颁布实施。该条例对于我国生态环境保护发挥了重要作用,2017年10月国务院令对其进行部分修订。该条例第十八条将自然保护区分为核心区、缓冲区和实验区,其中核心区是保存完好的天然状态的生态系统以及珍稀、濒危动植物的集中分布地,禁止任何单位和个人进入,除依照条例规定经批准外,也不允许进入从事科学研究活动。[①] 修订后的第二十七条规定:"禁止任何人进入自然保护区的核心区。因科学研究的需要,必须进入核心区从事科学研究观测、调查活动的,应当事先向自然保护区管理机构提交申请和活动计划,并经自然保护区管理机构批准;其中,进入国家级自然保护区核心区的,应当经省、自治区、直辖市人民政府有关自然保护区行政主管部门批准。"[②]应该说,我国自然保护区条例制定受苏联的影响比较大,对于苏联这样一个人口稀少、地域广大的国家而言,的确可以通过"无人区"的方式保护生态环境,但作为一个人口众多、历史悠久的文明古国,中国在保护环境时也采取将人与自然相割裂的方式显然是不合适的。这也是为什么中央提出建立以国家公园为主体的自然保护地体系的深层原因,就是为了通过贯彻"人与自然是一个生命共同体"的理念来重新建立有关生态保护的法律体系。但在国家公园法尚未出台的今天,如何在地方层面合法开展国

---

① 《中华人民共和国自然保护区条例》(2017年修订),中国政府网,2017年10月26日。
② 《中华人民共和国自然保护区条例》(2017年修订),中国政府网,2017年10月26日。

家公园建设就成为一个问题。

2. 省级层面《三江源国家公园条例(试行)》的稳定性面临挑战

2017年6月,经青海省第十二届人民代表大会常务委员会审议通过,《三江源国家公园条例(试行)》自8月颁布实施。该条例在很多方面与《中华人民共和国自然保护区条例》的精神是一致的。比如,后者第三十二条第一款规定:"在自然保护区的核心区和缓冲区内,不得建设任何生产设施。在自然保护区的实验区内,不得建设污染环境、破坏资源或者景观的生产设施;建设其他项目,其污染物排放不得超过国家和地方规定的污染物排放标准。在自然保护区的实验区内已经建成的设施,其污染物排放超过国家和地方规定的排放标准的,应当限期治理;造成损害的,必须采取补救措施。"①前者在第三十条表述为:"经依法批准的国家、省重大基础设施建设项目应当采取避让三江源国家公园核心保育区的措施,并充分论证、科学设计和合理施工。"②也就是说,两个条例并未禁止在全区域内进行基础设施建设,而是可以在规定的范围内适当开展建设。目前面临的一个重要问题是,在《三江源国家公园条例(试行)》作出将"三江源国家公园按照生态系统功能、保护目标和利用价值划分为核心保育区、生态保育修复区、传统利用区等不同功能区,实行差别化保护"③,并以"三区"原则制定并颁布三江源国家公园总体规划的情况下,《关于建立以国家公园为主体的自然保护地体系的指导意见》最新提出了"国家公园和自然保护区实行分区管控,原则上核心保护区内禁止人为活动,一般控制区内限制人为活动"④的新要求。刚刚颁布实施不久的三江源国家公园试行条例又面临着将"三区"变"两区"的新修订。

---

① 《中华人民共和国自然保护区条例》(2017年修订),中国政府网,2017年10月26日。
② 《三江源国家公园条例(试行)》,青海省人民政府网,2017年6月9日。
③ 《三江源国家公园条例(试行)》,青海省人民政府网,2017年6月9日。
④ 《关于建立以国家公园为主体的自然保护地体系的指导意见》,人民出版社2019年版,第11页。

3.《三江源国家公园条例(试行)》与相关法律的协调性尚需加强

一是对上位法的突破问题。本着先行先试的精神,青海省率先制定并颁布了《三江源国家公园条例(试行)》,但其部分条款显然突破了《中华人民共和国自然保护区条例》等上位法的规定,在具体实施中涉及的职责权限、行政审批等方面依然受到相关上位法的限制,使得该条例在实际执行过程中的作用得不到有效发挥。如针对擅自移动或者破坏界标的违反活动,前者规定:"由国家公园资源环境综合综合执法机构责令恢复原状,并处以二千元以上一万元以下罚款"①,而后者规定"由自然保护区管理机构责令其改正,并可以根据不同情节处以100元以上5000元以下的罚款"②。如果没有司法部及全国人大的授权,条例的执行必然面临着合法性挑战,国家公园范围内基础设施建设行政许可难等问题就难以解决。二是与其他相关法律的衔接问题。在国家层面的自然保护地法或国家公园法尚未制定出台的情况下,省级层面的试行条例与其他相关法律的冲突也在所难免。特别是在自然资源资产统一确权登记、空间规划、用途管制等相关制度尚未落实的情况下,三江源国家公园管理局与相关部门和涉及州、县在资源与生态要素交叉管理方面的难题在短时间内难以得到彻底解决。

总之,破解三江源国家公园体制建设面临的法律障碍,关键在于由司法部会同国家林草局加快起草中华人民共和国国家公园法或者自然保护地法,从法律层面明确国家公园的功能定位、保护目标、保护措施、资金来源、管理原则等问题,确定国家公园与其他类型自然保护地的关系,统筹解决国家公园、自然保护区、自然公园等各类保护地适用法律法规不同的矛盾。

---

① 《三江源国家公园条例(试行)》,青海省人民政府网,2017年6月9日。

② 《中华人民共和国自然保护区条例》(2017年修订),中国政府网,2017年10月26日。

第六章　以习近平生态文明思想引领三江源国家公园体制建设

破解三江源国家公园体制试点建设中存在的问题，要以习近平生态文明思想为根本遵循，充分借鉴和吸收中国传统优秀文化的有益营养，与脱贫攻坚和乡村振兴战略有机结合，坚持尊重自然、顺应自然、保护自然理念，坚持“山水林田湖草”是一个生命共同体理念，坚持绿水青山就是金山银山理念，注重运用系统思维保护生态环境，注重发挥市场机制积极作用，注重提高社区参与水平，努力在国家投入、公益性保障和地方利益保障之间找到平衡点，形成“政府主导、多方参与，区域统筹、分区管理，管经分离、特许经营”的保护管理体制。

第一节　生态文明是一种全新的文明形态

党的十八大以来，生态文明建设蹄疾步稳、风生水起。自被纳入中国特色社会主义“五位一体”总体布局以后，其地位和作用逐步上升为关系中国人民福祉、关系中华民族未来、关乎全球生态安全和可持续发展的“长远大计”“千年大计”和“根本大计”。生态文明建设不再局限于生态环境领域，正在成为引领经济发展和社会变革的巨大力量。通过生态文明建设不仅要实现人与自然的和谐，更要实现人与人的和谐，既要建设“美丽中国”，又要建设“美好中国”。①

一、 生态文明建设是新时代的“大政治”

关于政治的概念，有多种解释。按照马克思主义的理解，政治是以经济为基础的上层建筑，是经济的集中表现，是以政治权力为核心展开的各种社会活动和社会关系的总和。通俗地讲，政治就是大局、大势，是牵动社会全体成员的利益并支配其行为的巨大力量。生态文明建设从边缘走向核心，日益成为新时代的“大政治”，不仅是为了应对经过40年经济社会现代化发展之后累积起来的极其严重的生态环境问题或挑战，是必须如期完成的重大“政治任务”，而且是为了建立一种全新的符合生态文明原则的新经济、新社会、新政治与新文化。②

（一）全球气候变化不可阻挡

工业革命以来的两百多年时间里，人类活动已深刻地改变了地球的生态环境。据统计，如今地球上75%的陆地和66%的海洋生态环境已被改变，全球1/3以上的土地和3/4的淡水被用于农作物种植和牲畜饲养，“当今人类所遭受的生态危机，和人类活动紧密相关”③。世界气象组织2019年在日内瓦发布了《世界气象组织温室气体公报》。公报指出，2018年全球平均二氧化碳浓度达到了407.8ppm（1ppm为百万分之一），较2017年405.5ppm有所上升。早在2015年，全球二氧化碳浓度就突破了400ppm这一具有象征性的重大基准数值。而上一次地球出现类似的二氧化碳浓度是在300万—500万年

① 马洪波：《生态文明建设与社会价值观念变革》，《中共中央党校（国家行政学院）学报》2020年第6期。

② 郇庆治：《生态文明建设是新时代的“大政治”》，《北京日报》2018年7月16日。

③ 冯伟民：《警世钟：第六次物种大灭绝要来了吗》，《环球》2021年第3期。

前,也就是在人类诞生以前,那时的气温比现在高 2—3 摄氏度,海平面比现在高 10—20 米。① 美国国家海洋和大气管理局(NOAA)统计数据表明,全球变暖速度正在加剧,到 2019 年为止,全球陆地和海洋的平均温度比 20 世纪的平均温度高出 0.95 摄氏度。② 以青藏高原为例,全球气候变化加速了该区域暖湿化进程,导致冻土消融、冰川退缩。过去 30 年间,多年冻土缩减了 24 万平方千米,冰川面积退缩了 15%,年平均冰川融水径流量由 615 亿立方米增至 795 亿立方米。③ 全球气候变化对地球物种的影响更大。联合国于 2019 年 5 月 6 日在巴黎发布的《生物多样性和生态系统服务全球评估报告》显示,如今在全世界 800 万个物种中,有 100 万个正因人类活动而遭受灭绝威胁,全球物种灭绝的平均速度已经大大高于 1000 万年前。这可能使地球已陷入自 6600 万年前恐龙灭绝以来第一次大规模物种灭绝的危险境地。④

正是因为工业革命以来人类活动对地球生态环境的影响日益深刻,2019 年 5 月,由 34 名科学家组成的工作组投票决定在第四纪中继更新世、全新世后确立一个新的地质年代——人类世(the Anthropocene),以表明人类活动对地球生态环境造成的巨大变化。⑤ 他们认为,以 20 世纪中期作为人类世的起点,从那时开始,人类人口快速膨胀,工业生产步伐加快,农业化学品加速使用,还增加了其他人类活动。与此同时,首颗原子弹爆炸产生的放射性碎片在全球范围内扩散,进入沉积物和冰川冰层中,成为地质记录的一部分。进入人类世以来,人类已成为改变地球生态环境的主要力量。面对全球气候变化这个"最大的政治",人类要携起手来同舟共济、共同保护地球这一人类赖以生

---

① 世界气象组织:《全球温室气体浓度创历史新高》,《经济日报》2019 年 11 月 26 日。

② 李茹玉:《当珠穆朗玛长出了"绿头发",这意味着什么?》,澎湃新闻网,2020 年 3 月 23 日。

③ 游雪晴:《青藏高原暖湿化加剧,是福还是祸?》,《科技日报》2017 年 6 月 1 日。

④ 《联合国最新报告显示——全球百万物种濒临灭绝》,《人民日报》2019 年 5 月 8 日。

⑤ Anthropocene Now: Influential Panel Votes to Recognize Earth's New Epoch, *Nature*, May 21, 2019.

存的唯一家园。

(二)传统发展方式不可持续

自1978年改革开放大幕开启以来,中国经济已持续了40余年的中高速增长,早在2010年经济总量就超过了日本,成为世界第二,目前正在对美国经济进行快速追赶。伴随着经济实力的提升,人民生活水平显著提高,2020年全面建成小康社会的目标已经实现,中国的国际地位和影响力日益上升。但不可否认的是,经济的快速发展正在或已经突破了资源利用红线和生态环境容量,以雾霾扩散为代表的生态环境问题不断爆发,成为全面小康社会最明显的短板,也成为人民群众反映最强烈的问题。大气、水、土壤污染等生态环境问题已成为当前中国面临的重大风险和挑战之一。

2018年5月18日至19日,新中国成立以来规格最高的全国生态环境保护大会在北京召开。习近平总书记在大会上对我国生态环境领域取得的成绩和存在的问题进行了全面深刻的总结。在充分肯定成绩的同时,对持续多年的传统发展方式导致的生态环境问题进行了概括:一是产业结构问题。长期形成的产业结构偏重化、能源结构偏煤化,导致资源环境承载能力已经达到或接近上限。二是城乡结构问题。在城市生态环境保护力度不断加强的同时,污染企业向城乡接合部、向农村转移,“上山下乡”现象十分突出。三是区域结构问题。随着东部地区环保措施的持续加强,中西部地区面临的环保压力日益凸显。四是供求结构问题。人民群众对良好生态环境的需求不断增加,而生态退化趋势依然严重,大量生态空间被挤占,优质生态产品供给能力不足。五是行业结构问题。网购、快递等新业态在极大地方便人民生活的同时,带来的塑料包装物污染不容忽视。据报道,2018年我国快递业务量突破500亿件,占全球外递包裹市场的一半以上,规模连续5年稳居世界第一。而当年快递业共消耗编织袋约53亿条,塑料袋约245亿个,胶带约为430亿米,即每年消耗的胶带可绕地球上千圈。

解决这些突出问题，必须站在维护地球家园生态安全的高度，奋力走出对传统发展方式形成的“路径依赖”，努力实现人与自然和谐共生。2013 年 4 月 25 日，习近平总书记在十八届中央政治局常委会会议上关于第一季度经济形势的讲话中，从“讲政治”的高度指出了生态文明建设的重要性。他说：“如果仍是粗放发展，即使实现了国内生产总值翻一番的目标，那污染又会是一种什么情况？届时资源环境恐怕完全承载不了。想一想，在现有基础上不转变经济发展方式实现经济总量增加一倍，产能继续过剩，那将是一种什么样的生态环境？经济上去了，老百姓的幸福感大打折扣，甚至强烈的不满情绪上来了，那是什么形势？所以，我们不能把加强生态文明建设、加强生态环境保护、提倡绿色低碳生活方式等仅仅作为经济问题。这里面有很大的政治。”①生态环境问题已不再是单纯的生态问题、经济问题或技术问题，而是复杂的关系党的使命宗旨的重大政治问题和关系民生福祉的重大社会问题。只有加快转变经济发展方式，逐步建立和完善资源节约型、环境友好型社会，才能从根本上破解生态环境问题。

（三）新的执政理念不可动摇

党的十八大以来，中国特色社会主义进入新时代。以习近平同志为核心的党中央为全国人民确立了实现中华民族伟大复兴中国梦的宏伟奋斗目标，并从政治生态和自然生态的激浊扬清入手锐意改革进取。在政治生态上通过强力反腐，以化解“亡党亡国”的风险；在自然生态上通过强力治污，以解决“断子绝孙”的挑战。经过艰苦努力，风清气正的政治生态和绿水青山的自然生态正在形成和巩固，“两个生态”之间良性互动的局面日臻完善。在重塑自然生态方面，制定和出台了一系列加强和改善生态环境保护的政策、法律和制度，并通过中央环保督查手段严厉处罚了部分地区破坏生态环境的行为，彻底

① 中共中央文献研究室编：《习近平关于社会主义生态文明建设论述摘编》，中央文献出版社 2017 年版，第 5 页。

打击了部分官员阳奉阴违、欺上瞒下、等待观望的心态和做派。2017 年 7 月，党中央就甘肃省祁连山国家级自然保护区内长期存在的矿产资源开发和水电站建设违法违规、周边企业偷排偷放、生态环境整改不力等生态环境破坏问题进行通报，并对有关责任人作出严肃处理。2018 年 11 月，党中央再次严肃查处秦岭北麓西安市境内违建别墅问题，对相关党组织和党员干部作出严肃处理。党的十八大以来，党中央还对陕西省延安市削山造城、浙江省杭州市千岛湖临湖地带违规搞建设、新疆维吾尔自治区卡山自然保护区违规“瘦身”、腾格里沙漠污染、洞庭湖区下塞湖非法矮围等进行了严肃查处。这些处罚充分彰显了党中央持之以恒狠抓生态环境保护，久久为功加强生态文明建设的坚决态度。

生态文明建设的地位与作用日益提升，关键在于顺应新时代我国社会主要矛盾的新变化。经过新中国成立 70 多年特别是改革开放 40 多年来艰苦卓绝的努力，我国社会的主要矛盾已由人民日益增长的物质文化需要与落后的社会生产力之间的矛盾转化为人民日益增长的美好生活需要和不平衡不充分的发展之间的矛盾。新时代人民群众对美好生活的需要是综合的、多元的、复杂的，不仅需要更好的物质文化生活，而且对于民主法治、公平正义、人身安全、生态环境等方面的要求也日益增长。在解决了温饱、实现了小康以后，人民群众对蓝天白云更在意、对绿水青山更关心、对环境保护更盼望。大力推进生态文明建设、提供更多优质生态产品，已成为人民群众对党和政府的新期待。

问题是时代的声音，人心是最大的政治。经过党的十八大以来的持续奋斗，我国生态文明建设已发生“历史性、转折性、全局性”的喜人变化，正处于“关键期、攻坚期、窗口期”三期叠加的重要拐点。① 也就是说，虽然总体上看生态环境恶化的趋势得到有效遏制，生态环境质量持续好转，并出现了稳中向

① 习近平：《推动我国生态文明建设迈上新台阶》，《求是》2019 年第 3 期。

好趋势，正在跨越“环境库兹涅茨曲线”的拐点，但成效并不稳固，稍有松懈就有可能出现反复，犹如逆水行舟，不进则退。常言道，行百里者半九十。在这一关键时刻，我们一定要站在维护中华民族永续发展和构建人类命运共同体的政治高度，把贯彻落实党中央关于加强生态文明建设的决策部署作为重要的政治责任、领导责任、工作责任，进一步重视解决生态环境问题，始终把生态文明建设的重大责任牢牢地放在心上、实实地扛在肩上、紧紧地抓在手上。

二、　走向生态文明是未来社会发展的必然趋势

（一）工业文明及其“后遗症”

以文艺复兴运动为先导的工业革命，用了只占人类诞生以来0.01%的时间就创造了人类社会97%的巨大财富，能够消费的产品种类达到10的8次方以上，竟有上亿种之多。[①]“自然力的征服，机器的采用，化学在工业和农业中的应用，轮船的行驶，铁路的通行，电报的使用，整个大陆的开垦，河川的通航，仿佛用法术从地下呼唤出来的大量人口，——过去哪一个世纪料想到在社会劳动里蕴藏有这样的生产力呢？”[②]究其根源，在于文艺复兴运动把人从长期以来“神权”和“君权”的束缚中解放出来，走出中世纪的蒙昧和黑暗，人的主动性、创造性和积极性空前释放。正像《国际歌》中所唱的那样：“从来就没有什么救世主，也不靠神仙皇帝。要创造人类的幸福，全靠我们自己！”

工业革命以来，伴随着人性的解放、个人主义的彰显，物质财富在快速创造和积累的同时，人与自然的关系也在深刻发生改变。人类被自己创造的科学和技术神话所折服，开始了自我的“神化”和“异化”，逐步以大自然的主人和敌人自居，一时间“改造自然”“征服自然”的口号甚嚣尘上。人类这个曾经

---

① 张维迎：《市场的逻辑（增订版）》，世纪出版集团、上海人民出版社2012年版，第35—36页。

② 马克思、恩格斯：《共产党宣言》，人民出版社1997年版，第32页。

在大自然的风雨雷电面前战栗颤抖的弱小物种，似乎正在成为自然界的主宰，倏忽间失去了对大自然的敬畏和尊重。这个以释放人的主观能动性为核心的工业化、城镇化进程创造了人类社会前所未有丰裕的物质文化财富，但也带来了人与自然关系前所未有的紧张和对立。坦率地讲，人类追求物质利益的冲动和行为是一把"双刃剑"，既有助于增进人类福祉，也助长了人类的贪欲。工业文明以"欲望"而不是"需要"作为社会制度设计的出发点，必然使有限的地球资源和生态容量难以满足人类不断膨胀的欲望。而人的贪欲如果得不到道德和法律等制度的有效制约，就会像从"潘多拉魔盒"里释放出来的魔鬼一样肆无忌惮，多少资源也满足不了被消费主义、个人主义无限刺激出来的欲望。"贪婪和利益成为我们的上帝""对于贪得无厌的诸多欲望的自私自利的追求，超越了地球的生态储备"①。这就是工业文明最终会损害地球生态环境的根源。

改革开放以后的中国在享受工业文明丰硕成果的同时，也日益被市场至上、技术主义、机械唯物论等为特征的工业文明思维方式所影响。具体表现在：一是把人凌驾于自然之上，将人与环境相对立，缺乏系统观念；二是把完整的生态系统按照人的价值和需要进行机械性分割，缺乏整体思维；三是把生态保护与建设简单等同于生态文明建设，又把生态文明建设简单等同于生态文明，生态文明这个人类文明的新形态在某种程度上只被简单化为"种草种树、绿化环境"；四是把现代化的概念简单化、片面化，加快工业化和城镇化进程成为现代化的代名词；五是以"GDP 增长"为目标的发展主义，与追求"越多越好"的消费主义之间循环论证、相互强化，"大量生产—大量消费—大量废弃"的生产生活方式在一定程度上成为社会潮流。工业文明的"后遗症"必须要通过新的文明形态和思维方式来化解，这就是未来发展的新趋势——生态文明。

---

① 约·贝·福斯特：《生态革命——与地球和平相处》，人民出版社 2015 年版，第 16—17 页。

（二）生态文明是对工业文明的全面超越

针对工业文明的不可持续性及其破解，国内外学者进行了持续而深入的讨论。概括起来主要有三种理论：一是舍弃工业文明，回归田园时代，以生态为中心的“深绿”理论。这种理论极富理想主义色彩，好说但不好做。因为现代人的生产生活已被工业文明的成果所裹挟，一刻也离不开电灯电话、手机电脑、汽车飞机等这些现代化的产品，绝大部分的人绝不会为了保护生态而放弃眼前的美好生活；二是在现有工业文明的道路上继续前行，不过在生产生活中更加注重环境保护的“浅绿”理论。这种理论避重就轻，采取“鸵鸟政策”，对工业文明最终会带来的生态灾难视而不见，不想从根本上改变工业文明运行背后的“资本逻辑”，甚至想把“自然市场化”，只是用生态和绿化等字眼来装点门面；三是坚持在社会主义的制度框架内解决生态危机、实现绿色发展的“红绿”理论。这种被冠以“生态马克思主义”的理论其实是马克思主义的生态版。马克思在无情批判资本主义制度造成人与人之间不平等的同时，还认为这也是一个促使一些人无止境地盘剥自然，造成人与自然之间对抗的制度。[1] 生态马克思主义认为，只有以基于“需要”而不是“欲望”来设计的社会主义制度，才能最终既解决人与人之间的经济危机，又能解决人与自然之间的生态危机。

以上三种理论显然对于我们进一步认识即将到来的生态文明社会很有帮助。我们既要在总体上坚持“红绿”提出的马克思主义的基本原则、立场和方法，又要合理借鉴“深绿”中“敬畏自然、尊重自然”的生态主义思想，以及“浅绿”提倡的运用经济政策工具和行政管理手段应对生态环境难题的具体措施，走出一条“红绿交融”或“红色引领、绿色发展”的社会主义生态文明新路。[2] 这条新

---

① 陈学明：《资本逻辑与生态危机》，《中国社会科学》2012 年第 11 期。

② 郇庆治：《绿色变革视角下的当代生态文化理论研究》，北京大学出版社 2019 年版，第 149—184 页。

的文明之路既要“文明”,也要“生态”,特别强调“文明”要在“生态”的约束之下持续发展。既要摒弃工业文明“人类中心主义”的价值观,也不是向生态中心主义者提倡的“自然至上”的理念回归,而是要以马克思主义自然观、发展观为指导,在摆正人在自然界中位置的基础上,实现人与自然和谐相处,推动绿色低碳可持续发展。社会主义生态文明既是一种发展观,这种发展观与可持续发展观倡导的“既满足当代人的需要,又不对后代人满足其需要的能力构成危害的发展”基本要求相一致,更是一种站在“人与自然是一个生命共同体”的高度重新认识人类社会发展进步的文明观。在这种文明观的指导下,我们会认识到人类本身就是自然界演化的阶段性产物,无论如何发展都不可能突破自然界的限制,只有与自然系统和谐共存,而不是试图征服和主宰自然,人类文明才可能获得持续的发展。

可见,生态文明绝对不是对工业文明简单的修修补补、小打小闹,“换汤不换药”,而是人类在反思工业文明带来的致命缺陷后逐步形成的一种全新的文明形态,是人类文明发展的又一个高级阶段。作为一种正在形成和发展的新的文明范式,生态文明倡导运用系统工程的思维方式重新认识人与自然、人与人、发展与环境、经济与社会等方面的关系。在这一思维方式下,从根本上解决生态环境问题就不仅仅是加强生态环境保护、转变经济发展方式、优化产业结构和改善生活方式等这些看得见的改革,而是需要实现价值观念和制度体系向生态文明形态的“双重变革”。

三、 新时代生态文明建设的根本遵循和路径选择

(一)生态文明建设的根本遵循

为了从根本上扭转人与自然关系趋向恶化的严峻局面,进入新时代以来,生态文明建设被摆在全局工作日益突出的地位。党的十八大以来,习近平同志发表了一系列关于生态文明建设的重要论述,“绿水青山就是金山银山”等

生态文明理念写入了党的十九大报告、写入了党章。2018 年 5 月，以习近平同志在全国生态环境保护大会上的讲话为标志，正式形成了新时代生态文明建设的指导思想——习近平生态文明思想。这一引领“美丽中国”建设的重要思想具有以下三个特点：

一是创新性。这一思想以马克思主义自然观、发展观为指导，汲取中国优秀传统生态文化的丰富营养，借鉴世界可持续发展的宝贵经验，全面总结新中国成立 70 多年特别是党的十八大以来生态保护与建设的做法和经验，创新性地提出了生态文明建设的“五大体系”和“六项原则”。所谓“五大体系”是指以生态价值观念为准则的生态文化体系，以产业生态化和生态产业化为主体的生态经济体系，以改善生态环境质量为核心的目标责任体系，以治理体系和治理能力现代化为保障的生态文明制度体系，以生态系统良性循环和环境风险有效防控为重点的生态安全体系。生态文明是一个涵盖观念、行为、政策、制度和产业等多个层面变革的文明形态，不能仅仅停留在政治口号和文件话语的“绿化”上，还必须深入到思想观念、行为方式、政策制度和产业发展等方面的“绿化”上，特别是以生态文明理念取代传统发展理念，正是贯彻落实习近平生态文明思想的重点和难点。

所谓“六项原则”是指生态文明建设必须遵循的基本原则。目前，这六项原则又被进一步阐发为以下八个方面，即生态兴则文明兴、生态衰则文明衰的深邃历史观，人与自然和谐共生的科学自然观，绿水青山就是金山银山的绿色发展观，良好的生态环境是最普惠民生福祉的基本民生观，山水林田湖草是生命共同体的整体系统观，全社会共同建设美丽中国的全民行动观，用最严格制度保护生态环境的严密法治观和共谋全球生态文明建设之路的共赢全球观。[①] 走向生态文明从根本上是一场思想观念上的伟大革命，只有从人与自

---

① 李干杰：《以习近平生态文明思想为指导坚决打好污染防治攻坚战》，《行政管理改革》2018 年第 11 期。中共中央文献研究室编：《习近平关于社会主义生态文明建设论述摘编》，中央文献出版社 2017 年版，第 47 页。

然和谐共生的高度重新认识历史、认识世界、认识自然、认识发展以及认识人类自身,才能最终抵达成功的“彼岸”。习近平生态文明思想为我国生态文明建设擘画了一幅美好的蓝图,是美丽中国建设的根本遵循。

二是系统性。按照系统工程方式推进生态文明建设,是习近平生态文明思想的另一个突出特点。一方面,这一思想强调要以“生命共同体”的观念来重新认识人与自然的关系。早在2013年11月党的十八届三中全会上,习近平总书记就系统提出了“山水林田湖是一个生命共同体”的理念。到2017年10月召开的党的十九大,这一理念丰富升华为“统筹山水林田湖草系统治理”。在2018年5月全国生态环境保护大会上,他进一步指出:“生态是统一的自然系统,是相互依存、紧密联系的有机链条。人的命脉在田,田的命脉在水,水的命脉在山,山的命脉在土,土的命脉在林和草,这个生命共同体是人类生存发展的物质基础。一定要算大账、算长远账、算整体账、算综合账,如果因小失大、顾此失彼,最终必然对生态环境造成系统性、长期性破坏。”①我国是世界草原大国,草原面积近60亿亩,约占国土面积的41.7%,是农田面积的3倍之多。“草”被纳入“生命共同体”之中,成为美丽中国建设的重要内容,充分体现了习近平生态文明思想的系统性特点。

另一方面,这一思想强调要把生态文明建设从理念、制度和器物三个层面逐步融入经济建设、政治建设、文化建设、社会建设之中,以确保到2035年美丽中国目标基本实现,到21世纪中叶建成美丽中国。生态文明建设是一个系统的工程、长期的过程,不可能一蹴而就。要坚持“人与自然和谐共生的基本方略”,坚持尊重自然、顺应自然、保护自然的价值观,全方位、全地域、全过程地把生态文明建设体现到规划设计、项目编制、工程审批、建设施工、政府监管以及民众生活的方方面面,让生态文明成为全社会共同的价值追求和发展的鲜明标识。生态文明建设既是政府和企业的共同责任,也同每个人的生活息

① 《习近平谈治国理政》第三卷,外文出版社2020年版,第363页。

息相关，每个人都应秉持“勿以善小而不为、勿以恶小而为之”的理念，从我做起、从今天做起、从身边点滴小事做起，克服物质主义、消费主义、个人主义的羁绊，推动形成节约适度、绿色低碳、文明健康的生活方式和消费模式。

三是实践性。习近平生态文明思想是实践经验的总结和提炼，始终处在不断发展完善之中。早在正定、厦门、宁德、福建、浙江、上海等地方工作期间，习近平同志对生态环境保护工作就看得很重，都把这项工作作为一项重大工作来抓。继2018年5月“习近平生态文明思想”正式提出以后，习近平总书记又多次强调和发展了这一重要思想。2019年4月28日，在中国北京世界园艺博览会开幕式上，他用“让子孙后代既能享有丰富的物质财富，又能遥望星空、看见青山、闻到花香”的形象生动语言从远、中、近三个角度，描绘了未来生态系统既“绿”又“活”的美好景象，标志着习近平生态文明思想的新发展。① 为了贯彻落实习近平生态文明思想，规范生态环境保护督察工作，压实生态环境保护责任，推进生态文明建设，建设美丽中国，中共中央办公厅、国务院办公厅联合颁布《中央生态环境保护督察工作规定》，并随即在全国范围内开始了第二轮中央环保督查工作。同年8月20日，习近平总书记专程前往祁连山考察生态保护工作，强调指出祁连山是我国西部的生态安全屏障和黄河流域的重要产水区，要把祁连山的保护放在国家的战略格局高度予以重视，并强调我们发展到这个阶段，要摆脱对传统发展方式的“路径依赖”，引导企业和民众积极探索将绿水青山转化为金山银山的途径。

2020年上半年在新冠肺炎疫情防控期间，习近平总书记先后到浙江省、陕西省和山西省等地进行实地考察，进一步释放了党中央加强生态文明建设的决心和信心。3月30日，在重返15年前提出“两山论”的浙江省安吉县余村，看到这里因生态环境良好而带来了得天独厚的发展优势时，强调“生态本身就是经济，保护生态，生态就会回馈你”，平息了长期以来对生态保护与经

---

① 《习近平谈治国理政》第三卷，外文出版社2020年版，第374页。

济发展之间“鱼”和“熊掌”不可兼得的争论。4 月 20 日，在考察秦岭牛背梁国家级自然保护区时，再一次严肃批评了一些人试图将秦岭这个国家“中央水塔”变为“私家花园”的错误行为，语重心长地告诫广大干部一定要对生态环境保护这一“国之大者”做到胸中有数，重申生态文明建设是党的十八大以来党中央作出的最重要的决策之一，也是党的执政宗旨、执政纲领的重要组成部分，与中华民族永续发展息息相关，也与构建人类命运共同体息息相关。① 5 月 12 日，在山西省考察了汾河流域生态环境修复治理后，重申要牢固树立绿水青山就是金山银山的理念，统筹推进山水林田湖草系统治理。将生动的实践进行理论总结，又以抽象理论指导实践活动，形成理论与实践之间的良性互动，使得习近平生态文明思想不断丰富完善。

（二）生态文明建设的路径选择

在进一步学习领会习近平生态文明思想的创新性、系统性和实践性的基础上，加强生态环境保护就成为新时代生态文明建设的路径选择。即通过生态环境保护最终实现“三化”的目标，即“绿化”国情底色、“优化”经济发展和“美化”人民生活。

第一，以生态环境保护绿化国情底色。改革开放之初，我国生态环境形势不容乐观。面对当时森林面积只有约 1.2 亿公顷、森林覆盖率仅为 12.5%的严峻现实，邓小平同志提出了“植树造林，绿化祖国，造福后代”的战略思想。1979 年，在第五届全国人大常委会第六次会议上，决定将每年的 3 月 12 日定为我国的植树节。在这一战略思想指导下，我国植树造林力度不断增强、林木蓄积量持续增长，成为 21 世纪以来全球森林资源增长最快的国家。党的十八大在继承和丰富“绿化祖国”思想的基础上，把“美丽中国”确定为生态文明建设的宏伟目标，绿色环保日益成为国情最亮丽的底色。据 2019 年 2 月美国航

① 《习近平在陕西考察》，《人民日报》2020 年 4 月 24 日。

空航天局(NASA)发布的地球卫星数据显示①,与20年前相比,世界越来越绿了,中国和印度的植树造林和农业等活动主导了地球变绿的过程。其中,中国的绿化面积主要来自森林(42%)和耕地(32%),而印度主要来自耕地(82%),森林只占4.4%。中国用仅占全球植被面积6.6%的土地,取得了占全球绿色面积净增长25%的突出成绩。《2019年中国国土绿化状况公报(摘要)》显示②,当年全国共完成造林706.7万公顷、森林抚育773.3万公顷、退耕还林还草80.3万公顷,种草改良草原314.7万公顷。全国森林覆盖率达到22.96%,40年间提高了10个百分点,森林面积2.2亿公顷。我国荒漠化防治及造林绿化成就已获得了国际社会的充分认可。

第二,以生态环境保护优化经济发展。保护生态环境对经济发展既是压力更是动力,既是挑战更是机遇。要在“绿水青山就是金山银山”理念的指导下,通过将经济系统纳入生态系统来实现物质循环、能量转换、信息传递和价值增值,使人类经济发展和自然生态系统相互适应和相互促进,从而达到生态与经济两个系统良性循环,经济、生态、社会三大效益高度统一,构建以产业生态化和生态产业化为主体的生态经济体系,实现经济发展与环境保护的“双赢”。一方面,要利用增加环保投资、淘汰落后产能、严格环境法规标准和实施环境经济政策等措施,实现在有效改善环境质量的前提下,优化经济发展方式并形成新的经济增长点,实现产业生态化。另一方面,要充分认识和释放生态产品的经济、生态和精神文化等多重价值,通过中央财政购买生态产品,地区之间的生态价值补偿,生态地区出售用水权、排污权、碳排放权和生态产品溢价等方式,实现生态产业化。以寻求环境保护和经济发展的结合点为突破口,充分运用市场机制的激励和约束作用、培养一支热爱自然并善于经营的职业企业家队伍去促进污染治理和生态建设,特别是抓紧理顺重要能源资源产

① 《地球更绿了！美国航天局:中国和印度贡献最大》,中国日报网,2019年2月15日。

② 《2019年中国国土绿化状况公报(摘要)》,《人民日报》2020年3月12日。

品的价格关系，建立能够反映市场供求关系、资源稀缺程度、环境损害成本的价格形成机制，逐步建立健全生态保护补偿机制。

第三，以生态环境保护美化人民生活。绵延5000年而长盛不衰的中华文明不仅拥有和谐包容的价值取向，而且孕育了尊重自然、热爱自然的生态文化。中国传统文化一直认为“生态”一词优于“环境”就是例证。一是字义上“环境”（Environment）具有“包围、围绕、围绕物”之意，环境是与人二元对立的存在。而“生态”（Ecology）则具有“生态的、家庭的、经济的”之意，是对于主客二分的解构。二是从内涵上说，“环境”一词具有人类中心论的内涵，而生态则是一种生态整体论。三是从中国传统文化来说，“生态”一词更加切合中国古代“天人合一”文化模式。① 党的十八大以来坚持生态惠民、生态利民、生态为民原则，“环境改善民生、青山蕴含美丽、蓝天映衬幸福”的观念日益深入人心。不断满足人民群众日益增长的优美生态环境需要，打好污染防治攻坚的人民战争、解决突出环境问题，成为民生优先领域。在全国生态环境保护大会上，习近平总书记用接地气并充满人文关怀的语言，生动表达了生态环境保护在美化人民生活中的重要作用。例如，通过科学治理空气、水体和土壤三大污染，还老百姓“蓝天白云、繁星闪烁”和“清水绿岸、鱼翔浅底”的美好景象，让老百姓“吃得放心、住得安心”；通过持续开展农村人居环境整治和不断推进城镇留白增绿，为老百姓留住鸟语花香的田园风光，享有惬意生活的休闲空间。生态环境质量的明显改善，是新时代人民群众获得感、幸福感和安全感的重要来源。同时，也要在广大人民群众中积极倡导简约适度、绿色低碳的生活方式，反对奢侈浪费和不合理消费，实现生活方式的绿色革命。

四、 通过人与自然关系重塑推动社会价值观念变革

正在快速工业化、城镇化的中国在取得举世瞩目伟大成绩的同时，由于受

① 曾繁仁：《解读中国传统“生生美学”》，《光明日报》2018年1月17日。

“人多地少”基本国情的客观制约，再加上人的正常需要和过度欲望的双重增长，在人与自然的关系方面也日益暴露出三个十分尖锐的矛盾：一是经济持续增长与环境污染严峻、环境容量有限之间的矛盾十分尖锐；二是经济总量扩张与资源有限供给、资源利用效率低下之间的矛盾十分尖锐；三是广大人民群众日益增长的生态服务需求与政府不尽理想的优质生态服务供给之间的矛盾十分尖锐。① 总之，在人民群众关心一口水、一口气、一口饭的问题上虽有所改善，但问题仍多多。笔者认为，党的十八大以来生态文明建设的地位之所以日益提升，不仅是为了更好地保护我们赖以生存的生态环境，更是为了通过重塑业已失衡的人与自然的关系推动中国社会价值观念的变革，在新时代掀起一场新的思想解放运动。

以1978年改革开放为起点，在“以经济建设为中心”方针的指导下，中国经济社会迸发了前所未有的活力，短短几十年中国就彻底告别了物品短缺时代，中国人的生活水平也日益提高，已经实现全面建成小康社会的第一个“百年目标”。但在人与物的关系极大改善的同时，不仅人的幸福感没有随着物质生活水平的提升而同步增加，而且人与人、人与自然、人与自我的关系并没有得到同步提升，甚至有恶化的趋势。从人与人的关系看，物质主义、消费主义短短几十年的熏染就将以前含情脉脉的人际关系部分地改变成为赤裸裸、冷冰冰的金钱关系；从人与自然的关系看，由于快速改变土地利用类型、过度直接利用生物资源、气候变化、污染加剧、外来物种入侵等原因，生态系统正面临着崩溃的威胁；从人与自我的关系看，物质生活水平的提升并未同步带来精神生活的充裕和幸福感的增加，各种精神疾病的发病率不降反升，一部分国人在物质生活日益优渥的今天反而感到精神空虚、生活无聊、人生乏味，失去了活着的意义和目标。

历史经验证明，一个国家的长期稳定发展繁荣必须同时处理好人与人、人

① 丛晓男：《探寻城市高质量发展新路径》，《经济日报》2019年12月20日。

与物、人与自然、人与自我这四大关系，其中任何一种关系失衡都可能带来毁灭性的影响，只是处理好一种关系也不会“一俊遮百丑”，更不会一劳永逸。如果说，改革开放前 30 年人与人、人与自然、人与自我的关系总体上还比较好，但这是以人与物关系的紧张为代价的；如果从一个极端走向另一个极端，只是着力解决好了人与物的关系，其他三种关系未能有效改善，长治久安的局面也是难以实现的。人是宇宙间一个复杂的存在，绝不仅仅是西方经济学家假定的“经济人”，不是利大大干、利小小干、无利不干的“经济动物”，而是在追求经济利益的同时，还需要文化认同、精神愉悦和自我实现。通俗地说，对人积极性的调动，没有钱不行，但只有钱也不行。在社会主要矛盾发生深刻变化的新时代，必须对人的本性和这四大关系予以重新认识。其实早在浙江主政期间，习近平同志在《浙江日报》的“之江新语”专栏中就深刻地指出：“人，本质上就是文化的人，而不是‘物化’的人；是能动的、全面的人，而不是僵化的、‘单向度’的人。人类不仅追求物质条件、经济指标，还要追求‘幸福指数’；不仅追求自然生态的和谐，还要追求‘精神生态’的和谐；不仅追求效率和公平，还要追求人际关系的和谐与精神生活的充实，追求生命的意义。”①破解这一困局，一个可行的选项就是以人与自然关系的重塑来改善人与人、人与物、人与自我的关系，进而对整个社会价值观进行“革命性”的变革。

我们要认识到，大自然可以没有人类，但人类不能没有大自然，大自然既是人类的家园，也是其他生命体的家园，人类只是大自然中的一员；人类不仅要有尊重自然、保护自然、顺应自然之心，更要有敬畏自然之感，人类对大自然的认识只是沧海一粟、九牛一毛、冰山一角，大自然的奥秘无穷无尽、深不可测，人类要在大自然面前认识到自己的渺小和无力，学会谦卑、逊让和感恩；人类无论发展到什么程度，永远只是大自然之子，不可能成为大自然之主，就像能腾云驾雾的孙悟空一样永远跳不出大自然这个“如来佛”的手心；人类的生

---

① 习近平：《之江新语》，浙江出版联合集团、浙江人民出版社 2007 年版，第 150 页。

活一刻离不开大自然，大自然必须得到足够保护；人类只是地球生态系统中的匆匆过客，对自然界中的一切只是拥有短暂的使用权和管理权，生不带来、死不带去，根本没有长久的所有权。

古人云：良田万顷，日食一升；广厦千间，夜眠八尺。地球的资源可以满足人类的需要，但满足不了人类的欲望。只有把人从精致的"利己主义"的泥沼中拉扯出来，从"水泥森林"的束缚之中解脱出来，从"小我唯我"的局限中解放出来，重新回到天地之间，学会敬畏自然、珍爱生命、克制贪欲，摆正人在自然界中的地位，积极倡导"足够就好"的消费观和"内向超越"的人生观，那么一直纠缠于人心的名利、收入、地位、健康等个人主义的目标就会黯然失色和重新定位，人生境界也就会从低阶的自然境界、功利境界逐步上升为高阶的道德境界、天地境界，最终到达人与自然和谐相处的最高境界——"诗意地栖居"的境界。从某种程度上讲，生态文明本质上就是心态和价值观念的文明。只有心态的和谐，才能促进生命和谐、生态和谐，最终达到社会和谐、国家和谐、世界和谐。

第二节　国家公园体制建设要以习近平生态文明思想为指导

一、国家公园体制建设的理论指导

（一）以习近平生态文明思想为根本遵循

如上一节所言，生态文明是高于农耕文明和工业文明的人类发展的第三个阶段，是对工业文明发展导致的不可持续性问题反思后而提出的一种服务于人类永续发展的新型文明形态，是我国对人类文明形态理论和实践所作出的突出贡献。推进生态文明建设，必将开启一个新的文明时代。要突破工业文明的思维惯性和哲学模式，通过理论创新形成新思路、制定新对策，将生态文明建设不断引向深入。党的十八大以来,以习近平同志为核心的党中央在深刻把握客观规律的基础上,站在构建人类命运共同体和实现中华民族伟大复兴的战略高度,逐步形成了以"五位一体"总体布局和"四个全面"战略布局为理论内核的中国特色社会主义生态文明建设理论——习近平生态文明思想。这一思想强调把生态文明建设摆在全局工作的突出位置,融入政治、经济、文化和社会建设的全部过程及各个方面,从根本上回答了"什么是生态文明建设""为什么要进行生态文明建设"和"如何进行生态文明建设"的根本问题,正本清源,答疑解惑,为生态文明建设和国家公园体制试点提供思想源泉。

(二)充分借鉴和吸收中国优秀传统文化的有益营养

生态文明倡导的人与自然和谐相处的思想和理论与中国优秀传统文化最为匹配。建设生态文明,历史文化悠久的中国最具备优势。生态文明作为一个新的文明体系,要充分考虑生态文明建设在政治引领、经济形态、社会建设和文化底蕴四个方面发挥的作用。在政治引领方面,探索和创新党的建设理论,坚持政治生态和自然生态一起抓,统一思想,凝聚共识,把生态文明建设作为全党全国的一项重大政治任务,不断开创社会主义生态文明建设新局面;在经济形态方面,探索和创新经济建设理论,坚持生态保护优先,统筹发展与保护,着力发展绿色经济,努力把生态优势转变为经济优势,把生态资本转变为发展资本,不断提升综合国力和国际竞争力;在社会建设方面,探索和创新国家治理和社会建设理论,坚持多元共建,实现政府有为、市场有效、社会有力,特别是要为社会参与提供广阔的空间和平台,形成生态文明建设的磅礴合力;在文化底蕴方面,探索和创新文化建设理论,坚持用文明的方式建设生态文明,把历史文化保护作为生态文明建设的重要内容,注重人的问题,做好人的事情,提升人民生活的幸福感、获得感和满意度。

（三）与脱贫攻坚和乡村振兴战略有机结合

生态文明建设既要确立宏伟的生态目标，也要使用文明的手段。过去以不文明的方式开发和建设，包括围湖造田、大拆大建等，带来了严重的生态问题，最后为生态的恢复付出了巨大代价而得不偿失。生态文明建设的主战场不仅在城镇，更在广大农村牧区，在传统乡村社会蕴含着生态文明建设的基因，人们在生存与发展中敬畏自然、尊重自然；同时，乡村文明也能为解决城市文明产生的一系列问题提供方案。要面向农村牧区，研究农村牧区，把老百姓的信仰、生活方式以及利用自然的智慧与现代管理方式和技术结合起来，从中获取建设生态文明和推进国家公园体制试点的智慧及灵感。

二、 国家公园体制试点要破解的核心问题

总体上看，国家公园体制试点要解决三个核心问题，即“为什么要建立国家公园体制”“建立什么样的国家公园体制”和“如何建立和完善国家公园体制”。通过试点探索，形成一套符合中国国情的国家公园建设理论，以指导国家公园体制试点，回应人民群众新期盼。

（一）国家公园体制试点的重要地位

生态文明是理论与实践的辩证统一，国家公园体制试点是践行习近平生态文明思想的生动实践，也是生态文明建设的重要组成部分，在生态文明建设的制度体系中处于核心地位。在世界自然保护联盟（IUCN）对自然保护地体系的分类中，国家公园的保护强度属于第二类，但在我国已经把国家公园视为有国家代表性最重要的自然生态系统，保护强度居于第一位，自然保护区排第二，然后是各类自然公园，三者形成一个完整的有机整体，以达到生态系统保护的理想状态。随着国家公园建设总体方案和以国家公园为主体的自然保护地体系建设指导意见的发布，国家公园体制建设有了明确的方向。要通过国家公园

体制试点，探索建立一个统一、规范、高效的中国特色国家公园体制，把应该保护的地方保护起来，把国家重要生态系统的原真性、完整性有效保护起来，形成国家所有、全民共享、世代传承的生态保护新模式。

（二）国家公园体制试点的宏伟愿景

建立国家公园的目的是实行最严格的保护，除不损害生态系统的原住居民的生产生活设施改造和自然观光、科研、教育、旅游外，禁止其他开发建设，保护自然生态和自然文化遗产的原真性、完整性。① 基于此，国家公园建设有体系与体制两个方面的不同。建设国家公园体系在于从个别的、分散的、分割的生态系统保护，到集合的、集中的、有机联系的以国家公园为主体的生态系统保护，以构建合理布局、系统联系、可持续发展的、具有中国特色的自然保护地体系；建立国家公园体制则包括完整的自然保护地体系、统一高效的管理体系、配套的法律体系、稳定的资金投入体系、完善的科研监测体系、科技服务体系、有效的监督体系、强大的人才保障体系、充满活力的公众参与体系和特许经营制度。国家公园体制试点建设的核心目标是实现对自然资源的科学管理和合理利用，即在充分考虑区域环境承载能力的前提下，充分利用其涵养水源、调节气候等功能，实现其价值最大化，既不破坏其功能又让其更好地为人类服务。

（三）国家公园体制试点的基本路径

我国国家公园体制试点第一个阶段在云南省开展，第二个阶段由国家发展改革委等 13 个部委主导，现在以国家公园体制建设总体方案颁布和国家公园管理局成立为标志，已经进入紧锣密鼓的第三个阶段。对于如何进一步推进国家公园体制试点，首先要科学设定目标。目标设计要考虑三个层次，即生

---

① 中共中央办公厅、国务院办公厅印发《建立国家公园体制总体方案》，《人民日报》2017 年 9 月 27 日。

态系统的原真性和生态功能的完整性、多样性和统筹经济社会发展。对于每一个具体的国家公园而言,它都是异质性和同质性的统一,其保护管理具有系统性、科学性和复杂性。其次要做好科学规划,包括体系规划、总体规划、专项规划和实施计划。其中,总体规划包括规划总则、目标体系、分区规划、专题规划和机制保障五个部分。国家公园体制建设要强调三个重点:保护生态、体现公益和树立典范,并将其纳入生态保护红线管控,强调国家主导、合理布局、整体保护。另外,国际上有很多经验可资借鉴,如建立专门的管理机构、制定完备的法律法规、财政资金保障等,但切忌照抄照搬,一定要去粗取精,做到适合中国国情,体现中国特色,彰显大国气度。

三、　大力推进三江源国家公园体制试点建设

国家公园体制试点建设是三江源生态保护最重要的方式之一。要立足实际,先行先试,努力把三江源国家公园建设成为生态文明先行示范区。①

保护优先,兼顾发展。三江源国家公园自然资源丰富,生态功能强大,地方生态文化蕴含着丰富的生态保护基因。对其要落实最严格的生态保护政策,执行最严格的生态保护标准,实行最严格的生态保护措施,贯彻最严格的生态损害责任追究制度。要创新适应性管理,注重生态系统的完整性;要通过适度放牧加速营养循环,保护生态系统的原真性;要聚焦生态系统的承载力,把农业生态系统和牧业生态系统结合起来。通过体制试点,探索符合中国国情、体现高原特点的三江源保护管理新体制,实现发展与保护互相促进。

多方参与,民生为本。推进三江源国家公园体制试点要处理好政府、市场、社会三者的关系,在发挥政府主导作用的同时,充分调动当地农牧民群众生态保护的主动性和积极性,充分利用自然生态系统的自我修复能力,把提高当地老百姓生活水平放在重要位置。在鼓励社会参与方面,要为社会资本投

① 马洪波:《扎实推进三江源国家公园体制试点建设》,《光明日报》2018 年 3 月 13 日。

资生态文明建设搭建平台,支持社会组织参与野生动植物观测、藏羚羊保护、冰川监测、环保宣传、垃圾处理、反盗猎等活动。在改善民生方面,要正视政策驱动的城镇化对草原生态环境的不利影响,把草原治理与社会治理结合起来,强化对生态系统的综合管理。

共建共享,流域联动。要建立三江流域省份协同共建共享机制,将三江源国家公园体制试点融入"一带一路"建设、长江经济带规划、黄河流域生态保护与高质量发展之中,实现源头主动、流域联动,在生态环境共治中协同发展;要以生态建设、生态保护和绿色发展为核心,建立整个流域统一管理、统一发展、统一协调的生态共治模式;要建立省际协调机制,包括颁布流域共建共治宣言、完善对口支援政策、探索流域协同治理,协调好生态保护和建设中的矛盾与问题。

合理分区,制度保障。三江源国家公园试点区域分为核心保护区和一般控制区,要针对不同区域制定不同的管控标准和措施,建立一体化监测体系,制定完善的技术规范,实现一张蓝图绘到底、行得通;要以国家公园体制试点为契机重构地方政府架构和职能,在兼顾发展和反贫困目标的同时,重点突出生态保护职能;要通过设置生态管护公益岗位,探索公园内百姓不搞放牧、专做保护的长效机制。

四、 三江源国家公园体制建设要走出新路

推进三江源国家公园体制建设,既要逐步摆脱苏联模式的深刻影响,也不能照搬照套西方国家奉行的世界自然保护联盟(IUCN)的分类体系,而要立足三江源生态保护实际,走出一条新路来。①

第一,坚持生态保护优先原则,突出国家公园的国家性、公共性和公益性。三江源国家公园建设与管理必须突出生态保护第一原则,以国家意志加大对

① 马洪波:《对推进三江源国家公园体制试点的思考》,《青海社会科学》2016年第4期。

“中华水塔”的保护力度，体现国家公园的国家性、公共性和公益性。国家性是国家公园的基础，三江源国家公园范围内的土地所有权全部为全民所有，试点期由青海省政府代国家行使对国家公园的所有权；公共性是国家公园的本质，既要保障国家生态安全，促进人与自然和谐共生，又要为当地居民和区域外居民提供游憩、科普、探险、健身等服务；公益性是国家公园的特色，要克服地方政府和企业借机发展旅游的强烈冲动，强化生态保护及人类对自然资源的永续利用。推进三江源国家公园体制试点，既要注重保护生态环境，也要把国家公园建设成为一个人们居住、工作和休闲的地方，同时还应适度发展环境友好型产业，实现保护、生活、工作和游憩“四位一体”的目标。

第二，增强国家公园体制试点实施方案和相关规划的科学性和权威性。国家公园应是一种介于国家级自然保护区与国家级风景名胜区之间的过渡类型，既不能走“为保护而保护”的老路，也不能走“为旅游而旅游”的歧路，还要放弃试图“用国家公园一种方式来解决保护与发展所有矛盾”的不切实际的想法，努力以国家公园体制试点为突破口改革和完善我国的自然保护地体系。在三江源国家公园体制试点实施方案和相关规划的编制中，既要强调政府管理部门的主导作用，又要注重吸收专家学者的思想，尤其要尊重地方政府和社区居民的意见建议。同时，要率先开展“多规合一”改革，强化规划引领，同步开展自然资源资产负债表编制、生态保护红线划定等，使之成为生态领域改革的综合试验场。实施方案和相关规划应成为三江源国家公园建设与管理的根本遵循，公园内各类组织与个人都应严格践行。

第三，建立共建共治共享、发挥农牧民群众主体作用的保护管理体制。推进三江源国家公园体制试点，要改变单纯提高行政管理级别、增加管理人员编制的传统思路。既要重视运用行政和法律手段，也要逐步树立与社会组织、社区居民等建立合作伙伴关系的新理念。行政与法律等强制手段是推动国家公园建设与管理的重要保证，但在利益主体多元化的今天，一定还要学会用民主协商甚至讨价还价的方式，实现政府、社会与市场三种力量的有机整合。特别是对于公园内社区居民,要从“排除式”转变为“涵盖式”管理策略,改变以前人与保护区相分离的管理方式,提高社区居民的参与水平,完善社区居民参与机制,积极构建管理局与社区的合作伙伴关系。建立由当地群众广泛参与的多元合作伙伴关系,开展形式多样的社区项目,保障群众的知情权、参与权、监督权。当地群众既可以参与国家公园内的草地湿地保护、生物多样性保护、环境监测、资源调查、生态恢复以及宣传等保护性工作,也可以在环境容量允许的情况下适度发展生态畜牧业、民族手工业、生态旅游业等产业,走出一条生态保护与精准扶贫相结合,人与自然和谐相处之路。

第三节　不断完善三江源国家公园生态保护的体制机制

推进三江源国家公园体制建设,既要在借鉴国内外成功经验基础上做好制度框架的搭建,又要从三江源实际出发、发挥好基层广大干部和群众的积极性,实现“顶层设计”和“基层探索”的良性互动。①

一、　三江源国家公园生态保护体制机制有待深化

三江源国家公园体制试点,体现了青海人民的大智慧。青海省生态脆弱,将青海省建成“生态大省、生态强省”,保护大江大河的源头,对全国的生态保护意义重大。但青海省由此作出的经济发展方面的牺牲也很大,生态保护与经济发展的“二元”冲突将长期存在。这种“二元”冲突,是三江源生态保护体制机制不够完善的重要根源。

第一,生态保护主体的体制机制有待重构。三江源国家公园体制试点的确立,让全国人民看到了生态文明建设正在青海省开花结果。生态文明建设

① 张劲松、马洪波、白安良等:《三江源国家公园体制机制完善从底层突破的建议》,青海省委党校《研究报告》2017 年第 5 期。

是需要花成本的,生态保护需要大投入,生态保护体制机制构建的难点在资本投入上。现有的生态保护主体是政府,中央的顶层制度设计是有限资金支持,具体体制机制由青海省负责设计。顶层的制度设计虽然为青海省留下了政策空间,但是,体制机制构建面临着两大难题:资金和编制。我们已经习惯于生态保护由政府担责,各级政府自然而然也将自己当成生态保护责无旁贷的主体,然而像青海省这样的西部经济欠发达的省份,资金欠缺是其“痛点”,中央不增加编制则进一步限制了三江源国家公园体制机制构建的空间。其中,进入公园体制内的公务员,未来的“进步”与“晋级”均受到影响,人员不稳则事难成;除了国家体制内的生态保护体制机制有待完善和重构以外,国家公园生态保护的中间层主体——市场力量和社会组织两大主体,当前发育严重不足;而居于底层的公园保护主体——生态管护员已经到位,万余名的生态管护员每天骑马巡山,守护公园的山山水水。公园生态保护底层主体虽然到位了,其职责及考核有待完善。尤其是生态管护人员确立体制与落后地区的扶贫体制混合之后,有些管护员认为领取管护费就是政府的扶贫款,可以不承担什么责任,这使管护主体体制出现了漏洞,易使底层生态保护主体有岗位而不担责。

第二,生态保护客体的体制机制有待重构。三江源国家公园生态保护的客体对象在一些政策文件中有所描述,主要包括退牧还草、禁牧搬迁、鼠害防治、封山育林、黑土滩治理、沙漠化土地治理、水土保持等工程。因上述客体对象不够明确或不够具体化,在底层管护过程中,往往把管护对象盯在“绿”上,推进退牧还草、禁牧搬迁等任务,进展很大。经过保护之后,草地的确更绿了、更宽阔了。但是,生态保护的客体是一个系统,不仅是草地的绿与宽,还在于动植物的保护,进而包括人文社会环境的保护。三江源国家公园生态保护作为一个系统,需要全面的研究,系统的构成也需要理论予以界定,更需要让底层的管护员有意识地去完成这个系统中的各项保护任务,而不仅是护“绿”。

第三,生态保护过程的体制机制有待重构。三江源国家公园生态保护的主客体两方面的体制机制不够完善，直接影响了保护过程的体制机制构建。比如，大多数人认为退牧还草、禁牧搬迁，就必定能让三江源生态往好的方向转变。事实上，不完全是这样的。这中间有着各种辩证关系，在过度放牧的地区，退牧还草，可以立即见效；而大多数草场，人、草、畜之间有着互动关系，适度的人、牲畜生活在草场上，是对草场最大的保护。高原草地生态遭到破坏是过度放牧的结果。三江源区域自古以来，就是人与牲畜生存的地方，人、牲畜与自然的和谐关系才是关键。生态保护过程中，保持人类活动与自然环境平衡和谐的体制机制不仅没有理论研究，也缺乏实践的探讨。在这个过程中，既要做好生态的保护，又要做好民族文化的延续，才是努力方向。

二、 三江源国家公园生态保护体制机制重构从底层突破的优势

第一，三江源国家公园生态保护的顶层体制机制设计是粗线条的，青海省内各级政府体制机制设计受制于资金和编制，三江源生态保护靠政府短时间内难有重大突破。相比较而言，依靠底层力量，突破存量，引入社会组织或市场力量，就可立竿见影。底层力量在生态保护体制机制重构中，举足轻重。若能将三江源地区底层的生态保护力量充分挖掘出来，生态保护的绩效将取得突破，底层力量在体制机制重构中具有巨大的优势。

第二，推进退牧还草、禁牧搬迁、鼠害防治、封山育林、黑土滩治理、沙漠化土地治理、水土保持，无论是天上，还是地面、地下，最熟悉这片土地的仍然是底层的农牧民，他们是这片天地的主人，这片天地也是他们的家。但是，大多数农牧民仅凭朴素的生态保护思想保护着自然生态，他们的行为，也仅限于骑马在自己管护的区域转上几圈，凭着肉眼及自身的体验感受着天地的变化。无疑，他们的工作是极有价值的，但他们在生态保护中的作用，并未能充分发挥出来。对三江源的保护，外界的需求是全面、科学的信息，而如何让外界认知，则是一个科学的问题。三江源国家公园处于高海拔、高原地带，社会组织、

市场力量都不具备进入的优势，仅高原反应、交通不便这些条件就大大限制了外界力量的进入。如果让底层的管护人员，能学习掌握外界对三江源生态保护的科学方法与需求，底层的这些人员，就可成为三江源生态保护的直接参与者以及科研项目的执行者。

第三，三江源生态保护是一个系统工程。它不仅包括自然的修复和保护，还包括几千年来形成的人、草、畜的和谐关系。这个系统既是自然系统，也是人文系统。融入自然的人文传统能延续，三江源国家公园生态保护的体制机制才算达到了"完善"。这个系统工程中，底层社会在重构体制机制中的地位，不言而喻。三江源生态，是世界的、中国的，更是当地底层社会农牧民的。他们在生态保护上的积极性、创造性，毋庸置疑。政府现在应做的，是如何引导他们发挥出其应有的正能量，遏制负能量。

三、三江源国家公园生态保护体制机制重构从底层突破的途径

从主体角度看，三江源国家公园生态保护体制机制重构可以依赖底层的农牧民，现有的万余名生态管护员就是一支重要力量。现在缺少的是一个纽带，外部世界的社会组织及市场力量对圣洁而神秘的三江源有着强烈了解的冲动，却因自然地理及交通条件，难以做到充分的"亲临"。现代的网络信息技术已经具备了这种信息沟通的条件，一部手机、一个网络平台，就可以将三江源底层的管护员乃至全体的农牧民沟通起来。事实上，外部世界的社会组织和市场主体，都对三江源有着强烈的要求，比如，科研信息的需要、市场开发的需求、神秘天地旅游信息的需要，这些都是可以大大促进三江源生态保护体制机制完善的力量。三江源区域缺资金流入，外部世界缺信息，两者的结合点就是三江源的农牧民群众。通过底层人员运用现有的网络（手机），可以将自己所在的管理网格中的所有外界关注的环境保护信息（录像、图片）有效地传输出去，并通过互联网等多种方式从中获取相应的收益。

从客体角度看,三江源国家公园保护的对象是多种多样的,大多数管理者以及管护员未必清楚其保护对象,最初的护"绿"目标基本完成后,进一步的保护目标,有待确立。一花一世界,一草一天堂。三江源的花与草,在政府管理者、底层管护员眼里可能已经熟视无睹了,但在学术研究者、环保组织、市场主体眼中,可能就是一个世界、一个天堂。可可西里的藏羚羊、玉树的冬虫夏草、青藏高原的牦牛,无一不牵动着亿万人心。即使去不了高原,仍有很多人关注着我们共同的江河源头,更有无数的人愿为江河源头贡献出自己的力量。三江源公园体制机制重构中资金的确是个大问题,但是,底层管护员满足社会和市场需求的能力和机制则是问题的主要方面,我们习惯于向各级政府要"钱",不习惯于向市场谋"利"。事实上,三江源有无数的"资源",尤其是科研、教学资源。底层农牧民特别是管护员最有能力也有职责实现"资源"的市场化。一旦市场化的体制机制建立起来了,底层管护员脱贫致富的目标也就不远了。各级政府若能重构链接社会和市场的体制机制,三江源保护必将取得重大突破。

从过程角度看,三江源国家公园生态保持体制机制是否最适合,要看自然与人文两方面的结合情况。自然要保护,民族传统文化要延续,这两者并不冲突。几千年的高原历史说明了,三江源久远的历史时期,人与自然是和谐的。只是近几十年来,过度放牧以及开采矿山,三江源遭到了破坏。进一步完善生态保护的体制机制,要有底层农牧民的参与和支持。三江源是农牧民的家园,农牧民最了解三江源生态实际状况,农牧民与政府、社会组织之间的合作方式选择、协商过程完善等,是体制机制重建的重要环节。

总之,三江源国家公园生态保护体制机制仍有不够完善之处。生态保护主体中政府力有不逮,社会组织与市场力量发育不足,底层主体责任不明;其客体对象仅限于护"绿";而保护过程又忽视了人与自然的和谐。引入市场机制,培育社会组织,发挥生态管护员作用,以建立人与自然和谐共生关系,是三江源国家公园生态保护体制机制重构的重要内容。

第七章　以三江源国家公园体制建设推进自然保护地体系改革

国家公园体制试点是推动自然保护地体系改革的突破口和着力点。在三江源区域范围内,除了要在体制试点结束时明确三江源国家公园的范围和边界、整合区域范围内的各类自然保护地外,还应以设立独立自然保护区或自然公园等方式对原三江源国家级自然保护区内的其他保护分区加强保护;在青海省范围内,要通过科学合理、慎重稳妥地推进自然保护地体系整合归并优化,建立自然保护地统一分级管理和部门协同管理相结合的体制,完善自然保护地差别化管控和社区参与共建共享机制,建立自然保护地以中央财政投入为主的多元化资金保障机制等方式,发挥好以国家公园为主体的自然保护地体系示范省的作用。国家公园体制建设是一个系统工程,要处理好严格保护与统筹兼顾、政府主导与社会参与、生态保护与民生改善、生态保护与特许经营四个关系。

第一节　三江源区域自然保护地体系改革设想

根据中共中央办公厅、国务院办公厅《关于建立以国家公园为主体的自然保护地体系的指导意见》等文件精神要求,青海省主动进位、积极作为,率先与国家林业与草原局合作，共同建设以国家公园为主体的自然保护地体系示范省（以下简称国家公园示范省），并于2019年11月联合制定印发了国家公园示范省实施方案；青海省委办公厅、省政府办公厅同步制定印发了《青海省贯彻落实〈关于建立以国家公园为主体的自然保护地体系的指导意见〉的实施方案》。两个实施方案对于青海省进一步做好国家公园体制建设，以及如何以国家公园体制建设推进自然保护地体系改革提出了明确的方向。

一、三江源国家公园体制试点区内自然保护地情况

在2018年发布的《三江源国家公园总体规划》中初步统计，三江源国家公园体制试点范围内除了有三江源国家级自然保护区的部分区域和可可西里国家级自然保护区的全部区域外，还有扎陵湖、鄂陵湖2处国际重要湿地，均位于自然保护区的核心区；有列入国家《湿地保护行动计划》的国家重要湿地7处；有扎陵湖—鄂陵湖和楚玛尔河2处国家级水产种质资源保护区；有黄河源水利风景区1处。另外，在可可西里国家级自然保护区和三江源国家级自然保护区的索加—曲麻河保护分区内，还有可可西里世界自然遗产的提名地3.74万平方千米、缓冲区2.29万平方千米。① 随着调研的不断深入，在整合优化期间又发现了区域内几类新的自然保护地。最后经过系统梳理，确定在开展三江源国家公园体制试点的12.31万平方千米的范围内，共有国家级自然保护区、国际重要湿地、国家重要湿地、国家湿地公园、国家沙漠公园、国家级水产种质资源保护区、国家水利风景区和世界自然遗产地等8种自然保护地类型。详情如下：

（一）国家级自然保护区（2处）

一是2000年批建、总面积15230000公顷的三江源国家级自然保护区内

① 《三江源国家公园总体规划》，国家发展改革委政府网，2018年1月17日。

的扎陵湖—鄂陵湖、星星海、索加—曲麻河、果宗木查和昂赛5个保护分区；二是1995年批建、总面积4500000公顷的可可西里国家级自然保护区。

（二）国际重要湿地（2处）

2005年，《国际湿地公约》将位于黄河源头区域的扎陵湖和鄂陵湖列入国际重要湿地目录，总面积分别为64920公顷和65907公顷，两处重要湿地均以保护野生动物、水禽鸟类、湿地生态系统为目标。

（三）国家重要湿地（2处）

在国际重要湿地基础上，2011年国家林业局将扎陵湖和鄂陵湖确定为国家重要湿地，批建面积分别增加为104400公顷和127300公顷，均以水禽鸟类保护为主。

（四）国家湿地公园（1处）

即2015年批建的曲麻莱德曲源国家湿地公园，总面积18647.83公顷，以沼泽、河流湿地生态系统、珍稀濒危水禽鸟类及其栖息地为主要保护对象。

（五）国家沙漠公园（1处）

即2016年批建的曲麻莱通天河国家沙漠公园，总面积292.95公顷，以荒漠生态系统、沙生荒漠植被和野生动植物为主要保护对象。

（六）国家级水产种质资源保护区（3处）

包括2008年批建的扎陵湖—鄂陵湖花斑裸鲤极边扁咽齿鱼国家级水产种质资源保护区（114200.00公顷）、2011年批建的沱沱河特有鱼类国家级水产种质资源保护区（4030.00公顷）以及2012年批建的楚玛尔河特有鱼类国家级水产种质资源保护区（2648.8公顷），主要保护各种特有高原鱼类资源。

（七）国家水利风景区（1处）

即2011年批建的玛多县黄河源水利风景区（454700公顷），主要以黄河源头天然水系、湿地资源、野生动植物为保护对象。

（八）世界自然遗产地（1处）

2017年7月申报成功的可可西里世界自然遗产地，是中国第51处世界遗产，也是我国面积最大的世界自然遗产地。遗产地包括提名地和缓冲区两个部分，总面积约600万公顷，涉及可可西里国家级自然保护区全部和三江源国家级自然保护区索加—曲麻河保护分区的一部分。

二、三江源区域自然保护地体系整合优化建议

根据国家公园示范省实施方案提出的“整合后，一个区域内只有一个保护地类型，其他保护地不再保留，相关区域获得世界自然文化遗产地、生物圈保护区、世界地质公园、国际重要湿地等国际性命名继续保留”的原则，在体制试点结束、正式成立三江源国家公园时，建议：

（一）整合设立三江源国家公园

在取消三江源国家级自然保护区、可可西里国家级自然保护区基础上，取消区域内国家重要湿地、国家湿地公园、国家沙漠公园、国家级水产种质资源保护区和国家水利风景区等6类保护地牌子，统一整合为“三江源国家公园”。继续保留扎陵湖国际重要湿地、鄂陵湖国际重要湿地和可可西里世界自然遗产地三块国际性品牌。同时，为强化对世界自然遗产地的管理，设立可可西里世界自然遗产地管理机构。

（二）适当扩大三江源国家公园范围

积极与中央有关部委衔接沟通，并与西藏自治区协商联系，将三江源国家级自然保护区内长江西源的格拉丹东保护分区、长江南源的当曲保护分区，以及黄河源头的约古宗列保护分区，共计3.21万平方千米的面积，以及经识别确认的保护空缺区域，整体划入三江源国家公园范围内，以确保三江源的生态系统真正得到系统性、原真性、完整性的保护。新划入三江源国家公园范围内的三江源国家级自然保护区的格拉丹东、当曲和约古宗列保护分区，以及澜沧江水利风景区、玉树州烟瘴挂峡特有鱼类国家级水产种质资源保护区等自然保护地一并整合。在体制试点任务完成后，正式设立的三江源国家公园总面积将超过20万平方千米，继续雄踞中国国家公园面积最大的龙头地位。

（三）加大对三江源整体性保护

为加强对三江源的系统性、整体性保护，原三江源国家级自然保护区内剩下的10个保护分区，即麦秀、中铁—军功、阿尼玛卿、年宝玉则、玛可河、多可河、通天河沿、东仲—巴塘、江西、白扎保护分区，按照生态系统重要程度逐步分别独立设立为国家级自然保护区，或由地方管理的自然公园。在这10个保护分区中有7个，包括麦秀、中铁—军功、玛可河、多可河、东仲—巴塘、江西、白扎保护分区是在青海省各级政府或林业部门直属国有林场基础上设立的，独立设为自然保护地有利于地方加强管理。比如，将在涉藏地区十分著名的“神山圣湖”阿尼玛卿、年保玉则等分别设立为地方管理的自然公园甚至是小型的国家公园，则十分有助于强化当地民众的国家意识和自豪感，并与西藏等涉藏地区形成“世界第三极”国家公园群，以进一步加强对“中华水塔”和青藏高原的整体保护。

第二节　青海省以国家公园为主体的自然保护地体系建设思考

2018年12月，国家林业与草原局复函同意与青海省人民政府共同建设以国家公园为主体的自然保护地体系示范省。由此，青海省成为全国首个，也是目前唯一一个以国家公园为主体的自然保护地体系示范省。为了做好国家公园示范省的前期工作，2019年3月，青海省林草局迅速委托国家林草局昆明规划勘察设计院和西北调查规划设计院分别开展对青海省自然保护地制度标准体系和整合优化方案的研究。经过一年的艰苦工作，初步摸清了青海省8个州(市)42个县(市、行委)自然保护地的基本情况，得出了青海省共有各级各类保护地15类、223处的最新结论，这与青海省林草局刚组建时掌握的情况已有明显的变化。目前，青海省自然保护地的最新家底是：共有国家公园试点区2处、自然保护区11处、水产种质资源保护区14处、风景名胜区19处、地质公园8处、湿地公园20处、森林公园23处、沙漠公园12处、水利风景区18处、饮用水水源保护区61处、矿山公园1处、沙化封禁保护区12处、世界地质公园1处、世界自然遗产地1处、国际国家重要湿地20处。[①] 青海建设以国家公园为主体的自然保护地示范省，要通过管理体制改革、运行机制重构、整合归并优化等措施予以推进。

一、 国家公园示范省建设的战略定位和主要目标

(一)战略定位："五个典范""五个率先"

国家林草局从全局出发，希望青海省紧紧围绕"建立以国家公园为主体

① 《全省国土绿化建设样样出精品　国土绿化提速三年行动圆满收官》，《青海日报》2019年12月23日。

的自然保护地体系”这一核心，进一步加强顶层设计，理顺管理体制，创新运行机制，强化督查管理，完善政策支持，在青海省范围内建立起管理科学、布局合理、保护有力、管理有效的自然保护地体系，确保重要自然生态系统、自然遗迹、自然景观和生物多样性得到系统性、完整性保护，在全国起示范带头作用，努力成为“五个典范”，即整合优化完善自然保护地的典范、创新自然保护地管理体制的典范、建立自然保护地资金保障机制的典范、自然保护地科学有效管理的典范、探索人与自然和谐发展的典范。①

在2019年11月相继印发的两个实施方案中，进一步提出了青海省要在全国率先建立以国家公园为主体的自然保护地体系，形成可复制、可推广的经验，力争实现“五个率先”的要求，即率先整合归并优化完善自然保护地、率先创新自然保护地管理体制、率先建立自然保护地资金保障机制、率先推进自然保护地科学有效管理、率先探索人与自然和谐发展②，以促进生态环境治理体系和治理能力现代化，为全国提供“青海方案”和“青海路径”，作出“生态大省”“生态强省”应有的生态贡献。

（二）主要目标：“五个区”

实施方案设置了国家公园示范省建设的三个阶段目标：到2020年，完成建设国家公园体制试点任务，根据评估结果和有关标准设立三江源国家公园、祁连山国家公园。规划青海湖、昆仑山国家公园，完成自然保护地整合归并，构建起以国家公园为主体的自然保护地管理体系基本框架。国家公园总面积要占各类自然保护地总面积的70%以上，各类自然保护地总面积达到青海省土地总面积的40%；到2022年，构建起布局科学、分类清晰的自然保护地模式，初步建成以国家公园为主体的自然保护地管理体系，展现“国家公园省、

① 《青海以国家公园为主体的自然保护地体系示范省建设正式启动》，《青海日报》2019年6月12日。

② 王建军：《建设国家公园示范省　促进人与自然和谐共生》，《求是》2019年第24期。

大美青海情”的美好画卷，彰显以国家公园为主体的自然保护地体系示范省的带动作用；到2025年，以国家公园为主体的自然保护地体系更加健全，统一的分级管理体制更加完善，保护管理效能明显提高，建成具有国内和国际影响力的自然保护地典范。[①] 通过国家公园示范省建设，最终把青海省建成“五个区”，即全国生态保护修复示范区、以国家公园为主体的自然保护地体系典型区、人与自然和谐共生先行区、高原大自然保护展示区、优秀生态文化传承区。[②] “五个区”的奋斗目标，系统全面擘画了未来青海生态保护修复并重、国家公园示范显著、人与自然和谐共生、高原风光秀美壮丽、传统生态文化彰显的美好蓝图。

二、对青海以国家公园为主体的自然保护地体系示范省建设的几点思考

为了实现“五个典范”“五个率先”“五个区”的定位和目标，实施意见从加强体制机制建设、整合归并优化自然保护地、建立科学规划和标准体系、加强法规和制度建设、强化政策落实、加大科研监测和国内外合作力度、加强基础设施建设、加强宣教和培训工作等八个方面提出了49项重点任务，并确定了责任部门和完成时间。2020年，重点开展完善管理体制、优化保护地体系、健全规划体系、加强生态保护、夯实管护基础、推动绿色发展、加强科技支撑和强化交流合作等八项工作。建立以国家公园为主体的自然保护地体系示范省是前无古人的事业，在理论、政策和实践三个层面都面临着前所未有的挑战。结合已有研究成果和课题组对自然保护地体系改革的粗浅认识，尝试提出以下几点思考。[③]

---

① 王建军：《建设国家公园示范省　促进人与自然和谐共生》，《求是》2019年第24期。

② 杨旋：《建设国家公园省　传递大美青海情》，《中国国土资源报》2019年9月5日。

③ 马洪波：《什么是中国特色的国家公园和自然保护地体系》，《学习时报》2021年3月1日。

（一）科学合理、慎重稳妥地推进自然保护地体系整合归并优化

在《关于建立以国家公园为主体的自然保护地体系的指导意见》中有 14 类自然保护地被列入整合归并优化范围之内，即现有的自然保护区、风景名胜区、地质公园、森林公园、海洋公园、湿地公园、冰川公园、草原公园、沙漠公园、草原风景区、水产种质资源保护区、野生植物原生境保护区（点）、自然保护小区、野生动物重要栖息地等，并要求对这些自然保护地开展综合评价，按照保护区域的自然属性、生态价值和管理目标进行梳理调整和归类，逐步形成以国家公园为主体、自然保护区为基础、各类自然公园为补充的自然保护地分类体系。[①] 由于在青海省现有自然保护地体系中尚未设立海洋公园、冰川公园、草原公园、草原风景区、野生植物原生境保护区（点）、自然保护小区、野生动物重要栖息地 7 类，另外去除不在整合范围内的水利风景区、饮用水水源保护区、矿山公园、沙化封禁保护区、世界地质公园、世界自然遗产地、国际重要湿地 7 类，初步拟纳入青海省自然保护地整合的共有三江源、祁连山 2 处国家公园体制试点区，11 处自然保护区，14 处水产种质资源保护区，20 处湿地公园，23 处森林公园，12 处沙漠公园，8 处地质公园以及 19 处风景名胜区 8 个类型共 109 处。[②] 2020 年 8 月，根据国家林草局自然保护地司等上级部门提出的水产种质资源保护区、保护小区、珍稀植物原生分布地（点）、野生动物重要栖息地、饮用水水源保护地、水利风景区等不纳入现状基数，风景名胜区不参与本次自然保护地整合优化的要求，本着循序渐进、分步实施的原则，最后确定青海省纳入本次整合优化的自然保护地类型和数量。

按照实施方案在整合归并优化自然保护地方面提出的全面开展调查评

---

① 《关于建立以国家公园为主体的自然保护地体系的指导意见》，人民出版社 2019 年版，第 7 页。

② 《青海省自然保护地整合优化技术研讨会在西安市召开》，中国林业网，2019 年 9 月 26 日。

估、妥善解决历史遗留问题、制定分区管控办法、整合设立国家公园、整合交叉重叠保护地、归并优化相邻保护地、评估新建保护地、开展勘界立标、构建协调管理机制等要求，青海省林草局在提交省政府常务会议审议的《青海省自然保护地整合优化预案》中建议，本次青海省省域范围内整合优化后各级各类自然保护地（包含2处国家公园体制试点）共计6类79处，面积2676.58万公顷，占青海省国土面积的38.42%。① 根据预案，在尽早设立三江源国家公园和祁连山国家公园的同时，积极开展青海湖、昆仑山两个国家公园的申报设立工作，若获国家批准后，青海省在国家公园建设上将形成“2+2”的格局，4处国家公园的总面积将占青海省自然保护地总面积的70%以上。自然保护区划分为自然生态系统型、野生生物型、自然遗迹型三类，总数将有所增加。自然公园将设森林公园、湿地公园、地质公园、沙漠公园等4个类型。整合优化后的青海省自然保护地将按照保护区域的自然属性、生态价值和管理目标进行梳理调整和归类，确保保护面积不减少、保护强度不降低、保护性质不改变，实现一个自然保护地一个牌子。在具体操作过程中，一定要坚持科学合理、慎重稳妥的原则，不搞简单归并重组“数字游戏”，也不搞“拉郎配”，真正形成以国家公园为主体的自然保护地体系。

（二）建立自然保护地统一分级管理和部门协同管理相结合的体制

受几十年“各自为政”分部门管理的惯性使然，与全国其他地区一样，青海省在自然保护地体系上也形成了类型复杂、数量众多、管理难度大的局面。虽然按照中央改革要求将原各部门分别管理的自然保护地统一划归国家公园管理局管理，但在近几年的实践中又出现了新的问题。以国家林业局为基础组建的国家公园管理局在对森林、湿地、野生动物等以前熟悉的领域开展管理

① 《青海省自然保护地整合优化预案》（送审稿），青海省林草局，2020年11月。

时游刃有余，但对专业性很强的海洋公园、水利风景区等自然保护地进行管理时面临困难，同时对草原的管理也不能照搬对森林的管理方式。解决好这一问题必须建立统一分级与部门协作的管理体制。

第一，要坚定不移地理顺现有各类自然保护地和自然资源管理职能，将以前分散在各部门的自然保护地和自然资源管理权限统一交由国家公园和自然资源管理部门集中行使，整合组建统一的自然保护地管理机构，明确机构行政级别、职责配置、人员编制、技术规范等。第二，结合自然资源资产管理体制改革，理顺中央和地方权责关系，合理划分中央和地方事权，将自然保护地按照生态功能重要程度划分为中央直接管理、中央地方共同管理和地方管理三个层次，实现分级设立、分类管理。第三，创新部门横向协调机制，在系统梳理国家公园和自然资源管理部门与农业农村、生态环境、住房建设、水利等部门的自然资源资产管理职责的基础上，科学界定部门职责，根据自然资源属性进行专业化管理，构建主体明确、责任清晰、分工合作的自然保护地部门协同管理机制。第四，协调好自然保护地管理机构与所在地方政府之间的关系，地方政府行使辖区经济发展、公共服务、社会管理、市场监管等职责，自然保护地管理机构负责自然资源和生态环境保护等工作，形成两者间职责明确、密切配合的协作关系。

（三）完善自然保护地差别化管控和社区参与共建共管机制

对包括国家公园在内的自然保护地实行最严格的保护，不是简单粗暴地“一封了之”和“一关了之”，而是要在尊重规律的前提下实行最科学的保护，差别化管控和原住居民保护就是题中应有之义。最科学的保护就是最严格的保护。

根据各类自然保护地功能定位，国家公园、自然保护区被分为核心保护区和一般控制区，自然公园则按一般控制区管理。核心保护区不是划定的越大越好，而是要实事求是。一般而言，核心保护区经批准可开展管护巡护、科学研究、资源调查、灾害防控、退耕还林还草还湿、生态廊道建设、必要的科研监测保护设施建设、重大生态保护修复工程建设等8类活动外，原则上禁止其他人为活动；一般控制区原则上严格禁止开发性、生产性建设活动，但可以开展对生态功能不造成破坏的有限人类活动。然而，由于中国人口众多、历史悠久的特殊国情，即使在海拔高亢的青藏高原也有人类活动近万年的发展历史，使得在一些区域可以采用季节性功能分区管控的方式实现人与自然的和谐。比如，若对核心保护区内夏季草场完全采取禁牧方式，不仅往年的枯枝落叶会引发草原火灾隐患，而且对牧草的自然生长也会产生不利影响，这样季节性放牧就成为最科学的方式。所以，在自然保护地制定差别化管控方案时，可以在不影响生态系统健康和相关物种生存、繁衍的前提下设置季节性管控区，分时段动态管理人类活动，即在野生动物迁徙季节时严格管控，其他季节可适当开展不影响生态功能的有限人类活动。

另外，在自然保护地内祖祖辈辈生活的原住居民可能会破坏生态，也可能成为生态保护的重要依托，关键在于改变他们的思想观念和行为方式。把这些原住居民完全从草原迁出，在短期内似乎草原的压力有所减轻，但如果草原上没有了牧民看管，一些盗猎分子和偷挖冬虫夏草的人员就会乘虚而入，草原被破坏的风险可能会加大。通过把自然保护地内的部分原住居民聘用为生态管护员，建立社区共建共管机制，一方面可以让他们从保护生态环境中受益，另一方面也有助于发挥传统文化保护生态的积极作用，维护好青藏高原千百年来形成的人、草、畜的动态平衡。

（四）健全自然保护地以中央财政投入为主的多元化资金保障机制

以国家公园为主体的自然保护地体系是全民性的事业，也是公益性的产品，理应由政府特别是中央政府财政保障。西部大开发以来，中央政府对青海省自然保护地体系建设投入了大量的资金和项目，取得了显著的成效。然而，与青海省重要的生态地位功能和拮据的省级财政状况相比，在履行严格生态保护责任的过程中资金缺口日益增大，在规范项目资金投入的基础上，中央财政应尽快设立一般性转移支付科目，逐步加大对青海省自然保护地事业的支持力度。建议主要通过全面分析生态保护和建设、资源占用和开发、限制发展机会和发展权等方面的因素，完善生态保护补偿机制，特别是要结合第三次全国国土调查最新成果，加快研究建立森林、草原、湿地等重要自然资源补偿新机制，争取补偿范围和标准有新提高。

除了政府资金外，充分运用在生态系统约束下市场机制的决定性作用，把自然保护地的“绿水青山”转化为“金山银山”必然是解决资金缺口的重要途径。一是通过构建物质产品、调节服务和文化服务价值的核算指标体系，科学核算自然保护地“生产”的生态产品价值总量；二是通过充分调动有担当、会经营、爱环保的企业家群体的主动性、积极性和创造性，加快建立生态产品价值实现机制，全力打造以生态产品为核心要素的生态产业体系；三是尝试开展用水权、排污权、碳排放权等交易活动，开展流域内横向生态补偿探索，将潜在的生态优势真正变成“真金白银”；四是加快构建基于债券、基金、信贷、保险、碳金融等在内的绿色金融体系，提升绿色经济增长潜力；五是遵循合法、自愿、诚信、非营利的原则，建立规范有序的社会捐赠制度体系，不断拓宽募集公益资金的渠道。

三、以国家公园示范省建设为重要抓手，加快推进青海省生态环境领域治理体系和治理能力现代化

国家公园是一种有别于传统自然保护区的自然保护地类型，青海省建设以国家公园为主体的自然保护地体系示范省是一项前无古人的事业。在国家公园示范省建设中不仅要通过国家公园体制试点推动自然保护地体系改革，更要通过自然保护地体系改革加快推进生态环境领域治理体系和治理能力现代化。

生态环境是一个典型的共建共治共享的领域，需要发挥好政府主导下市场、社区、科技、法律、道德等多方面力量的综合作用，这样才能从传统的“管理”和“管控”走向现代的“治理”和“协商”，最终实现生态环境领域治理体系和治理能力现代化。坦率地说，政府一直是推动生态保护的主导力量，这一力量只是生态保护的必要条件，但不充分；单一政府力量推动的生态保护行动虽然成效显著，但也存在不少问题。正是基于对政府主导型生态保护模式缺陷的反思和批评，实践中又出现了对社区主体作用“理想化”“浪漫化”的倾向，并且还用“参与的广泛性、权属的明确性、激励的有效性、冲突调节的及时性、发展的可持续性、当地的适应性”概括对社区力量进行了过分美化。这显然是一种典型的非白即黑、非此即彼的二元思维惯性。

实际上，社区远不是完美的，社区要真正成为保护主体并发挥主体作用在现实中是有很大差距的。只有社区内的大多数人能够被组织动员起来形成集体行动，社区才是有意义的。具体到青海三江源国家公园内社区，这是一个由农牧民家庭、社区精英和社区组织三部分组成的系统，只有三者之间形成良性互动，在生态保护中农牧民的主体作用才能真正发挥出来。而现实的情况是，农牧民是复杂的，他们并不总是准备着参与各种由外界设计和实施的生态工程项目，而是有自己的利益考量和“小算盘”；社区精英包括体制内精英如村干部，也包括宗教界人士、商界人士和教育界人士等，他们在领导农牧民开展生态保护行动中也是力图实现自身利益诉求和政治目的，而不仅是实现生态保护目标；社区组织包括正式组织和非正式组织，它们也可能会消极地对待外来的保护项目。所以，在国家公园示范省建设中首先要把政府的主导作用与社区的主体作用结合起来。

除了政府的主导作用和社区的主体作用外，还必须发挥好市场机制的决定性作用。市场化、全球化浩浩荡荡、势不可当，与其被动应付，不如主动适应。通过适当引入经济激励机制，让人们从生态保护中获得好处，最终才能实现生态保护、绿色发展和民生改善的“多赢”。形象地说，要学会给市场机制这只“看不见的手”装上一个绿色的“大拇指”，使之变得更加善于保护生态环境。在全球气候变化、环境污染加剧的今天，地处青藏高原超净、无污染区的青海“生产”的生态产品的稀缺性、唯一性、独特性日益凸显，市场供求关系也将发生重大变化，价值实现机制正在形成。应努力走出一条有限制、有约束、保护与发展均衡的高原生态经济之路，通过推动真正意义的生态旅游业、生态畜牧业、民族手工业等绿色产业的发展，以及创设生态管护公益岗位等手段，让企业家和农牧民群众在保护生态的同时获得更多的经济收入，从而才会产生保护生态的持续动力。

另外，道德和法律的约束性作用、科学研究的基础性作用以及技术创新的革命性作用，在实现生态环境领域治理体系和治理能力现代化中也不可忽视。市场机制是一把“双刃剑”，既可能有效调动人们的积极性，也可能对资源和环境带来严重破坏，所以，必须充分运用道德和法律的力量使敬畏自然、保护自然、尊重自然、善待自然的理念内化于心、外化于行。大自然是一本“天书”，我们只打开了第一页，我们对她的认识才刚刚开始。要建立科研长效机制，通过重大科研专项的实施，增加对青海省生态环境“本底数据”及生态演化规律的认识，从根本上提高保护与发展措施的科学性。一浪高过一浪的技术创新为生态保护与发展既带来机遇，也带来挑战，要善于利用机遇、化解挑战，对阶段性成熟技术及时进行转化应用。例如，随着5G技术的推广使用，就会为工作生活在“北上广深”的富裕阶层“领养”三江源的生态牧场提供技术支撑。

总之，通过以国家公园为主体的自然保护地体系示范省建设，最终是为了破解生态环境保护与经济社会发展的两难困境，在努力寻找政府、社区、市场、道德、法律、科学和技术等多种力量有机结合点的前提下，实现生态环境领域治理体系和治理能力现代化。①

---

① 马洪波：《探索三江源生态保护与发展的新路径——UNDP—GEF三江源生物多样性保护项目的启示》，《青海社会科学》2017年第1期。

第三节　进一步推进青海省国家公园体制建设的建议

国家公园体制实质上是关于自然保护地的管理体制，本质上是为了构建生态安全屏障，为当代和世代能够享受大自然带来的生态福祉。青海省建设以国家公园为主体的自然保护地体系示范省，除了要进一步整合优化归并自然保护地体系外，还要在国家公园体制建设上进一步探索。国家公园体制建设是一个系统工程，必须全面分析、综合施策，处理好以下四大关系。[①]

一、 严格保护与统筹兼顾的关系

国家公园建设要以《青海省主体功能区规划》为基础，以具备条件的国家级或省级自然保护区为依托，整合国家森林公园、国家地质公园、国家级风景名胜区等自然保护地，在实现禁止开发区保护自然生态系统、历史文化资源和珍稀动植物基因资源等功能定位的基础上，兼顾游憩休闲、科学研究、环境教育和社区发展等功能，以小面积的发展实现对大面积的保护。

国家公园建设应坚持生态保护第一原则，保护自然生态系统的原真性、完整性，始终突出自然生态系统的严格保护、整体保护、系统保护。一是规范立法。国家层面，制定覆盖全国的国家公园保护与管理的法律体系；地方层面，在遵循国家法律法规的前提下，结合青海省生态保护实际情况，以颁布实施的《三江源国家公园条例（试行）》为蓝本推动国家公园立法体系建设。二是合理分区。国家公园是纳入全国生态保护红线实行最严格保护的禁止开发区域，同时又可开展自然环境教育，为公众提供亲近自然、体验自然、了解自然以及作为国民福利的游憩机会。这是严格保护与合理利用的辩证统一，保护的

① 马洪波：《对青海建设国家公园的几点建议》，《青海日报》2019 年 12 月 9 日。

目的是利用,合理的利用可以促进保护。实现这一目标的主要手段是进行合理的功能分区,可在国家公园试点区域划分为核心保护区和一般控制区基础上不断完善分区和差别化管控思路。三是发掘特色。利用具有地域自然与文化特征的优势,适度开展多样化、精品化、特色化的游憩活动。例如,三江源国家公园长江源园区的冰川雪山、黄河源园区的湖泊河流、澜沧江源园区的森林峡谷,对开展自然教育、游憩活动都是难得的景观,应在加强访客管理的前提下适度向公众展示和开放。四是宣传引导。通过多种宣传方式,普及国家公园环境保护知识,同时设置一些关于环境体验的项目,让访客在游憩的过程中学习环境保护知识,在潜移默化中不断强化敬畏自然、尊重自然、保护自然、顺应自然的理念。

二、　政府主导与社会参与的关系

为避免国家公园建设中可能出现的“九龙治水”“各自为政”的混乱局面,在顶层设计上应“三个统一行使”,即统一行使全民所有自然资源资产所有者职责、统一行使所有国土空间用途管制和生态保护修复职责、统一行使监管城乡各类污染物排放和行政执法职责的基本原则,改革生态环境监管体制,理顺国家公园管理体制。

与自然保护区突出保护某种生态系统并由各地提报建立的方式不同,国家公园倡导山水林田湖草是一个生命共同体理念,由国家根据现实发展需要统筹建设、科学布局国家公园,把最应该保护的地方保护起来,为子孙后代留下珍贵的自然遗产。在国家公园建设国家主导的同时,还要坚持分级管理原则。三江源国家公园自然资源所有权由中央政府直接行使,试点期间由中央政府委托青海省政府代行;祁连山国家公园内全民所有的自然资源资产所有权由中央政府直接行使,试点期间由国家林草局代行。其他可能成为国家公园的区域也将按照分级管理的原则开展工作。待条件成熟时,国家公园内全民所有自然资源资产所有权将逐步过渡到由中央政府直接行使。

另外,与国家公园相关的各个利益相关者都对国家公园有直接影响。每个群体的文化背景都影响着国家公园的建设与管理,如政府的政策、公园的管理体系、访客的游憩、企业的营利等。每一群体都有其优缺点,如政府有其独特的行政垄断地位,利于公园获取行政资源;企业在资金、人才及设备技术等方面具有优势,但作为营利性组织有其天然的趋利性,对公共事业的积极性低下;学术界具有科学研究的优势,但需要将其成果转化为政策思路和实际操作。因此,要在建立统一事权、分级管理体制的背景下,按照共建共治共享的社会治理理念,不断提升各个利益相关者共同参与、维护、管理的默契度,使他们积极投身于国家公园保护管理的过程中,将国家公园、国家资源与全体人民结合起来,提升全社会的环境保护意识和资源可持续利用水平。

三、 生态保护与民生改善的关系

为确保国家公园的全民公益性,国家公园管理部门要坚持管理与经营相分离的原则,鼓励和引导社会资本运用特许经营等方式参与国家公园建设。国家公园管理部门对公园内的经营活动进行监督,并制定合理的收益分配方案,而国家公园建设主要由具备资质的特许经营企业投资和经营,发挥好市场机制在政府宏观调控和生态系统约束下的决定性作用,调动市场主体参与国家公园建设的积极性。

要改变长期以来形成的将社区与保护区对立的思维惯性,鼓励和引导社区群众主动投身生态环境保护,将社区作为国家公园的重要组成部分,把农牧民群众与国家公园管理部门打造成为利益共同体,使两者之间既相互监督又相互促进。国家公园管理部门、特许经营企业、社会组织、农牧民群众要在履行保护责任的同时,分享国家公园建设带来的利益。国家公园是一项由政府主导、社区参与的公共事业,在整个建设过程中必须由代表社区居民利益的组织,以社区的名义参与国家公园的规划、管理、决策、保护和发展。国家公园试点期间考虑到移民搬迁难度较大,且少面积的居民点、农田、牧场也能起到丰富国家公园文化和景观的作用，可尝试通过加强宣传教育，引导社区群众以社区共管、协议保护等方式参与自然保护和提高资源管理的有效性。

四、 生态保护与特许经营的关系

从青海省情实际出发，国家公园特许经营的主要领域包括中藏药开发利用、有机畜牧业及其加工产业、文化产业、支撑生态体验和环境教育服务等营利性项目。当前，要稳定土地承包经营权的前提下，鼓励国家公园内农牧民群众将草场、牲畜等生产资料，以入股、租赁、抵押、合作等方式流转到牧业合作社，并积极探索将草场承包经营权转变为特许经营权的思路与途径。

在继续实行草原承包经营的基础上，一是鼓励发展生态有机畜牧业，建立健全畜牧业现代化经营体系，推进传统畜牧业提质增效，建成草地生态畜牧业保护发展区，将草场承包经营逐步转向特许经营，形成适度规模经营为主导的畜牧业融合发展新格局。二是鼓励开展支撑生态体验和环境教育的服务类项目，鼓励特许经营者开展与国家公园保护目标相协调，以生态体验为主的文化旅游项目，构建完整的生态体验和环境教育体系。三是鼓励发展特色文化产业，通过打造特色鲜明优势突出的特色文化产业小镇、文化产业特色村，培养形成具有民族和地域特色的传统工艺产品，推动形成具有较强影响力和市场竞争力的特色文化品牌。四是中藏药材资源开发利用，科学保护和开发利用冬虫夏草、大黄、贝母、藏茵陈等特色优势资源，建设中藏药材繁育体系，延长产业链，提高附加值。

参考文献

1. 陈娜:《国家公园行政管理体制研究》,云南大学 2016 年博士学位论文。

2. 杜群等:《中国国家公园立法研究》,中国环境出版集团 2018 年版。

3. 邓毅、毛焱等:《中国国家公园财政事权划分和资金机制研究》,中国环境出版集团 2018 年版。

4. 费宝仓:《美国国家公园体系管理体制研究》,《经济经纬》2003 年第 4 期。

5. 古岳:《谁为人类忏悔》,作家出版社 2008 年版。

6. 郭宇航:《新西兰国家公园及其借鉴价值研究》,内蒙古大学 2013 年博士学位论文。

7. [美]亨利·梭伦:《瓦尔登湖》,李继宏译,天津人民出版社 2013 年版。

8. 华朝朗、郑进烜、杨东等:《云南省国家公园试点建设与管理评估》,《林业建设》2013 年第 4 期。

9. 郇庆治等:《绿色变革视角下的当代生态文化理论研究》,北京大学出版社 2019 年版。

10. 郇庆治:《生态文明建设是新时代的"大政治"》,《北京日报》2018 年 7 月 16 日。

11. 贺燕、殷丽娜:《美国国家公园管理政策(最新版)》,上海远东出版社 2015 年版。

12. 郜佳蕾:《云南省国家公园建设及管理体制研究》,昆明理工大学 2009 年博士学位论文。

13. 韩文洪、余艳红:《云南省国家公园建设问题探讨》,《林业调查规划》2009 年第 4 期。

14. [美]杰里米·里夫金:《第三次工业革命——新经济模式如何改变世界》,张体伟、孙豫宁译,中信出版社 2012 年版。

15. 贾静:《全球背景下不同地域国家公园演进比较分析——以美国、英国、法国、日本为例》,《丽水学院学报》2013 年第 6 期。

16. [美]蕾切尔·卡森:《寂静的春天》,吕瑞兰、李长生译,上海译文出版社 2008 年版。

17. 李庆雷:《基于新公共服务理论的中国国家公园管理创新研究》,《旅游研究》2010 年第 4 期。

18. 李庆雷:《云南省国家公园发展的现实约束与战略选择》,《林业调查规划》2010 年第 3 期。

19. 李炯:《关于国家公园的发展战略与体制构想——以浙江为例》,《浙江树人大学学报》2014 年第 2 期。

20. 李慧:《让绿色成为文化的标识》,《光明日报》2017 年 7 月 29 日。

21. 李文军、徐建华、芦玉:《中国自然保护管理体制改革方向和路径研究》,中国环境出版集团 2018 年版。

22. 李如生:《美国国家公园管理体制》,中国建筑工业出版社 2005 年版。

23. 李春晓、于海波:《国家公园——探索中国之路》,中国旅游出版社 2015 年版。

24. 刘金龙、赵佳程等:《中国国家公园治理体系研究》,中国环境出版集团 2018 年版。

25. 刘红缨:《国家公园制度解析》,知识产权出版社 2017 年版。

26. 刘琼:《中美国家公园管理体制比较研究》,中南林业科技大学 2013 年博士学位论文。

27. 刘亮亮:《中国国家公园评价体系研究》,福建师范大学 2010 年博士学位论文。

28. 罗金华:《中国国家公园设置及其标准研究》,福建师范大学 2013 年博士学位论文。

29. [德]马克思、恩格斯:《共产党宣言》,人民出版社 1997 年版。

30. 马洪波:《可持续发展视角下三江源生态保护的长效机制研究》,人民出版社 2016 年版。

31. 青海省人民政府:《三江源国家公园公报 2018》,中国林业出版社 2019 年版。

32. 苏杨、何思源、王宇飞、魏钰:《中国国家公园体制建设研究》,社会科学文献出版社 2018 年版。

33. 唐芳林:《中国国家公园建设的理论与实践研究》,南京林业大学 2010 年博士学位论文。

34. 唐芳林:《国家公园理论与实践》,中国林业出版社 2017 年版。

35. 唐芳林、孙鸿雁、张国学等:《国家公园在云南省试点建设的再思考》,《林业建设》2013 年第 1 期。

36. 唐芳林、孙鸿雁、王梦君、杨芳:《关于中国国家公园顶层设计有关问题的设想》,《林业建设》2013 年第 6 期。

37. 唐芳林:《国家公园定义探讨》,《林业建设》2015 年第 5 期。

38. 唐芳林:《我们需要什么样的国家公园》,《光明日报》2015 年 1 月 16 日。

39. 唐芳林、王梦君:《建立国家公园体制目标分析》,《林业建设》2017 年第 3 期。

40. 唐芳林:《国家公园体制下的自然公园保护管理》,《林业建设》2018 年第 3 期。

41. 唐芳林:《中国自然保护地管理体制改革的重大变革》,国家公园及自然保护地微信公众号。

42. 唐小平、张云毅、梁兵宽、宋天宇、陈君帜:《中国国家公园规划体系构建》,《北京林业大学学报(社会科学版)》2019 年第 1 期。

43. 田世政:《中国自然保护区域管理体制:解构与重构》,中国环境出版集团 2018 年版。

44. 田世政、杨桂华:《中国国家公园发展的路径选择——国际经验与案例研究》,《中国软科学》2011 年第 12 期。

45. 田世政、杨桂华:《国家公园旅游管理制度变迁实证研究——以云南香格里拉普达措国家公园为例》,《广西民族大学学报(哲学社会科学版)》2009 年第 4 期。

46. [澳]沃里克·弗罗斯特、[新西兰]C.迈克尔·霍尔:《旅游与国家公园——发展、历史与演进的国际视野》,王连勇等译,商务印书馆 2014 年版。

47. 王毅、黄荣宝:《中国国家公园体制改革回顾与前瞻》,《生物多样性》2019 年第 2 期。

48. 王梦君、唐芳林、孙鸿雁、张国学:《我国国家公园总体布局分析》,《林业建设》2017 年第 3 期。

49. 王应临、杨锐、[德]埃卡特·兰格:《英国国家公园管理体系述评》,《中国园林》2013 年第 9 期。

50. 王建军:《建设国家公园示范省　促进人与自然和谐共生》,《求是》2019 年第 24 期。

51. 吴承照:《中国国家公园模式探索——2016 首届生态文明与国家公园体制建设学术研讨会论文集》,中国建筑工业出版社 2017 年版。

52. 蔚东英:《三江源国家公园解说手册》,中国科学技术出版社 2019 年版。

53. 徐菲菲等:《英美国家公园体制比较及启示》,《旅游学刊》2015 年第 6 期。

54. 徐菲菲:《制度可持续性视角下英国国家公园体制建设和管治模式研究》,《旅游科学》2015 年第 3 期。

55. 习近平:《推动我国生态文明建设迈上新台阶》,《求是》2019 年第 3 期。

56. 肖练练、钟林生、周睿、虞虎:《近 30 年来国外国家公园研究进展与启示》,《地理科学》2017 年第 2 期。

57. [美]约翰·缪尔:《我们的国家公园》,郭名倞译,江苏人民出版社 2012 年版。

58. 约·贝·福斯特:《生态革命——与地球和平相处》,刘仁胜、李晶、董慧译,人民出版社 2015 年版。

59. 杨锐:《建立完善中国国家公园和保护区体系的理论与实践研究》,清华大学 2003 年博士学位论文。

60. 杨锐:《国家公园与自然保护地研究》,中国建筑工业出版社 2016 年版。

61. 杨彦锋、杨建美、吕敏等:《国家公园:他山之石与中国实践》,中国旅游出版社 2018 年版。

62. 余振国、余勤飞、李闽等:《中国国家公园自然资源管理体制研究》,中国环境出版集团 2018 年版。

63. 赵吉芳、李洪波、黄安民:《美国国家公园管理体制对中国风景名胜区管理的启示》,《太原大学学报》2008 年第 2 期。

64. 赵翔、朱子云、吕植、肖凌云、梅索南措、王昊:《社区为主体的保护:对三江源国家公园生态管护公益岗位的思考》,《生物多样性》2018 年第 2 期。

65. 赵智聪、彭琳、杨锐:《国家公园体制建设背景下中国自然保护地体系重构》,《中国园林》2016 年第 7 期。

66. 张海霞:《中国国家公园特许经营机制研究》,中国环境出版集团 2018 年版。

67. 张希武、唐芳林:《中国国家公园的探索与实践》,中国林业出版社 2014 年版。

68. 张一群:《国家公园旅游生态补偿》,科学出版社 2016 年版。

69. 张立:《英国国家公园法律制度及其对三江源国家公园试点的启示》,《青海社会科学》2016 年第 2 期。

70. 张一荧:《云南省国家公园法律制度研究》,昆明理工大学 2010 年博士学位论文。

71. 张宏亮:《20 世纪 70—90 年代美国黄石国家公园改革研究》,河北师范大学 2010 年博士学位论文。

72. 郑杰:《青海自然保护区研究》,青海人民出版社 2011 年版。

73. 周兰芳:《中国国家公园体制构建研究》,中南林业科技大学 2015 年博士学位论文。

74. 朱春全:《国家公园:保护第一,公益优先》,《中国绿色时报》2017 年 7 月 31 日。

75. 朱春全:《关于建立国家公园体制的思考》,《生物多样性》2014 年第 4 期。

76. 朱彦鹏、王伟、罗建武、李俊生等:《在建设国家公园体制下加强自然保护区综合管理》,《环境保护》2016 年第 18 期。

77. 中共中央文献研究室:《习近平关于社会主义生态文明建设论述摘编》,中央文献出版社 2017 年版。

后　记

在主持完成第一个国家社科基金项目《三江源生态保护的长效机制》提交结项期间，我参加了由青海省法制办公室组织、主题为“三江源生态保护立法能力”的培训班，前往英国学习考察。在2015年10月中旬至11月上旬三周的时间里，我们先在东伦敦大学系统听取了有关英国生态环境保护做法和经验的讲座，后赴英国的几个国家公园进行了实地考察，对英国依据自身国情特点建设国家公园的创新实践印象深刻。回国后，我随即撰写了题为《英国国家公园建设与管理及其启示》的考察报告，并上报青海省委、省政府领导。2016年1月，时任分管三江源国家公园体制试点工作的省委领导阅后批示：该报告对探索三江源国家公园体制试点具有重要的参考价值和借鉴意义，提出的经验和启示很有见地，并要求将该报告印送领导小组各成员。

此时正值新一年度国家社科基金项目申报之际，再加上提交的第一个国家社科基金项目以“优秀”等级结项，我在2016年寒假期间以在英国学习考察获得的灵感为基础，并以党的十八届三中全会关于建立国家公园体制的精神为指导，设计形成了题为《三江源国家公园体制试点与自然保护地管理体系改革研究》的课题申报书。在2016年6月公示的国家社科基金项目一般项目立项名单中，我的这一选题幸运地“榜上有名”。课题立项以来，我带领课题组成员多次深入到三江源国家公园管理局以及长江源、黄河源和澜沧江源三个园区管委会所管辖的县、乡、村进行实地考察，并与当地干部群众、环保志愿者和科学工作者交流座谈，同时先后赴云南、吉林、甘肃、浙江、福建等省考察了解香格里拉普达措、东北虎豹、祁连山、钱江源、武夷山等国家公园体制试点的进展情况。这些“接地气”的考察使课题组进一步完善了课题研究思路，并对建立中国特色的国家公园体制有了越来越清晰的认识。

“国家公园”是一个全新概念，在中国进行试点更是一个新生事物。课题研究期间多次受到国内国家公园体制研究“大咖”，如国家林草局昆明勘察规划设计院唐芳林研究员（现任国家林草局草原司司长）、清华大学建筑学院景观系杨锐教授、北京大学生命科学学院吕植教授、北京大学环境工程学院李文军教授、中咨集团生态研究所（北京）有限公司总经理张贺全研究员等专家的指导和启发，课题组先后形成了多篇阶段性研究成果报党委、政府。其中，2016年8月，与中央党校李宏伟教授合作上报的研究报告《国家公园体制试点要走出新路》获时任中央政治局常委、国务院副总理张高丽同志的肯定性批示，他要求发展改革委、环保部、国土资源部阅酌。该报告提出了要坚持生态保护优先原则，突出国家公园的国家性、公共性和公益性，增强国家公园体制试点实施方案和相关规划的科学性和权威性，建立多元共治、发挥农牧民群众主体作用的保护管理体制三个核心观点。2017年12月，与课题组成员合作完成的研究报告《推进三江源国家公园体制试点的难点与对策》，提出了在推进三江源国家公园体制试点中要处理好条块、内外、左右、上下四大关系的建议，时任青海省委副书记、省长王建军同志阅后批示：“这篇报告突出了问题导向，尽管不是问题的全部，但至少是几个关键点，当批有关部门研阅。不解决问题就是没有履行我们担当的责任。”2019年11月，约请唐芳林研究员、李文军教授合作形成的关于青海省建设国家公园示范省的系列资政报告获时任青海省委副书记、省长刘宁同志的肯定性批示。2020年11月，从课题结项文本中提炼的研究报告《三江源国家公园体制建设的深层次问题尚需破解》上报省委、省政府后，获省委书记王建军、省长信长星、常务副省长李杰翔、省委组织部部长兼省委党校校长王宇燕以及副省长刘涛等五位领导的肯定性批示。该报告从人、地、钱、法四个方面分析了三江源国家公园体制建设面临的深层次问题。这些研究成果批转到实际工作部门后，对推动三江源国家公园体制试点工作发挥了积极作用。另外，课题组成员、中国审计大学公共管理学院张劲松教授通过实地调研，牵头撰写的从“底层突破”来完善三江源国家公园生态保护体制机制的研究报告，也有一定的新意。

5年来，以课题研究为压力和动力，除形成系列资政报告外，还将10余篇研究成果在《光明日报》《学习时报》《中国社会科学报》《青海日报》以及《中共中央党校（国家行政学院）学报》《理论动态》《青海社会科学》《青海环境》等报刊上发表。其中，分别发表在《光明日报》《学习时报》和《青海日报》上的4篇关于国家公园体制的理论文章产生了一定社会影响。在《光明日报》智库版发表的《扎实推进三江源国家公园体制试点建设》，提出了保护优先、兼顾发展，多方参与、民生为本，共建共享、流域联动，合理分区、制度保障等四个方面的建议，该文被全国哲学社会科学工作办公室等网站转载；在《学习时报》战略管理版发表的《国家公园理念的形成与演变》，提出了国家公园是一个平衡保护与利用关系的产物、是一个被建构的“神圣”目的地、是一个动态变化的概念等三个方面的思考；在《青海日报》评论版先后发表的《国家公园体制试点要先行先试》和《对青海建设国家公园的几点建议》，分获《青海日报》社举办的第三届和第六届“江源评论”大奖赛·理论奖二等奖。以这些阶段性成果为基础，最终于2020年6月初形成了16余万字的课题研究初稿，并以“项目研究提出的理论观点、政策建议等得到省部级以上党政领导批示并被有关部门采纳”的方式申请结项，当年8月国家社科规划办以“免于鉴定”方式对本课题予以结项。

申报国家社科基金项目是一个艰苦的过程，完成国家社科基金项目更是一个艰巨的任务。如果说在做第一个项目时脑子里天天思考的是“三江源”这个关键词，那么在做第二个项目时又增加了“国家公园”这个新概念。最终把这个新概念变成观点、思考和课题文本，离不开课题组成员的共同努力，也离不开同事和朋友们的无私帮助。在选题设计、申报论证和申请结项等阶段，青海省委党校的关桂霞教授提出了切中要害的意见和建议；在前往省外试点区域调研期间，吉林省委党校副校长宋文新教授，云南省委党校刘小龙教授，云南师范大学李庆雷教授，浙江省委宣传部理论处黄凯元同志，浙江省开化县委宣传部傅强部长、开化县社科联童金招主席，福建省武夷山市委宣传部楼栋部长以及多个国家公园试点园区负责同志都提供了令我难忘的热情帮助；在总结三江源国家公园体制试点经验方面，青海省委党校张壮教授、青海省社会科学院张明霞副研究员、青海大学李希来教授等作出了积极贡献；在课题中期检查和文本论证时，中国科学院三江源国家公园研究院学术院长赵新全研究员、青海省林草局王恩光副局长、青海省林草局国家公园与自然保护地管理局张学元副局长、三江源国家公园管理局孙立军副局长、三江源国家公园管理局生态保护处巴桑拉毛副处长、北京山水自然保护中心三江源项目赵翔主任等领导和专家提出了中肯的修改意见。根据这些修改意见，在正式出版时我又对文本进行了全面系统的修改。如果仍出现观点性错误，责任全部由我个人承担。

本人供职的青海省委党校一直以来鼓励学术著作出版，特别是2018年以来推出了“青海党校学者文库”，计划将青海党校系统学者的博士学位论文、国家社科基金项目优秀成果等结集出版，目前已取得初步成效。我的这一课题文本能够入选文库，首先要感谢校委领导的鞭策鼓励和鼎力支持。在与人民出版社联系出版事宜时，经济与管理编辑部郑海燕主任给予了热情的帮助，在文稿修改排版阶段更是体现了她的细心和耐心，为拙著的按期出版问世付出了大量心血。在此，对在本课题申报、研究、结项和出版中提供了各种支持和帮助的领导、专家和朋友们一并表示衷心的感谢！

国家公园体制试点是生态文明体制改革的突破口，也是推动生态环境领域治理体系和治理能力现代化的着力点。2020年，青海省率先启动了与国家林草局共建以国家公园为主体的自然保护地体系示范省的“三年行动计划”。作为青海省委党校的一名学者，我将带领2019年入选青海省“高端创新人才千人计划”培养团队（人才“小高地”）的全体成员，紧紧围绕国家公园体制建设与自然保护地体系改革这个主题，通过对青海省生动实践的跟踪研究，力争为推动全国生态文明体制改革和生态环境领域治理体系与治理能力现代化作出应有的贡献。

马洪波

2021年3月10日于西宁

策划编辑：郑海燕
封面设计：石笑梦
版式设计：胡欣欣
责任校对：周晓东

图书在版编目(CIP)数据

三江源国家公园体制试点与自然保护地体系改革研究/马洪波 著. —
北京：人民出版社，2021.8
ISBN 978 - 7 - 01 - 023529 - 5

Ⅰ.①三…　Ⅱ.①马…　Ⅲ.①国家公园-体制-研究-青海②自然保护区-体制改革-研究　Ⅳ.①S759.992.44②S759.9

中国版本图书馆 CIP 数据核字(2021)第 136444 号

三江源国家公园体制试点与自然保护地体系改革研究
SANJIANGYUAN GUOJIA GONGYUAN TIZHI SHIDIAN YU ZIRAN BAOHUDI TIXI GAIGE YANJIU

马洪波　著

人民出版社 出版发行
(100706　北京市东城区隆福寺街 99 号)

中煤(北京)印务有限公司印刷　新华书店经销

2021 年 8 月第 1 版　2021 年 8 月北京第 1 次印刷
开本:710 毫米×1000 毫米 1/16　印张:14.25
字数:202 千字

ISBN 978 - 7 - 01 - 023529 - 5　定价:66.00 元

邮购地址　100706　北京市东城区隆福寺街 99 号
人民东方图书销售中心　电话 (010)65250042　65289539